一次做对

少走弯路的28个成长法则

任康磊——著

人民邮电出版社
北京

图书在版编目（CIP）数据

一次做对 ： 少走弯路的28个成长法则 / 任康磊著
. -- 北京 ： 人民邮电出版社, 2022.5
ISBN 978-7-115-58333-8

Ⅰ. ①一… Ⅱ. ①任… Ⅲ. ①成功心理－通俗读物
Ⅳ. ①B848.4-49

中国版本图书馆CIP数据核字(2021)第262729号

内 容 提 要

本书针对个人成长过程中可能遇到的各类场景和问题，介绍应对的法则和解决方案，帮助读者避开成长陷阱，提升个体价值，实现高效成长。

本书共7章，介绍了28个成长法则，主要内容包括与低开高走相关的弹簧法则、逆风法则、次序法则和积木法则；与精准选择相关的闭环法则、生态法则、后发法则和聚集法则；与竞争取胜相关的错位法则、破局法则、三段法则和复合法则；与规避风险相关的不赌法则、独立法则、准绳法则和不输法则；与逆境翻盘相关的牛顿法则、信念法则、退路法则和边际法则；与势能积累相关的直线法则、延伸法则、淘金法则和灯塔法则；与合作共赢相关的个性法则、舍得法则、价值法则和兼容法则。

本书适合所有期待成长的人阅读。

◆ 著　　　　任康磊
责任编辑　马　霞
责任印制　周昇亮

◆ 人民邮电出版社出版发行　　北京市丰台区成寿寺路 11 号
邮编　100164　　电子邮件　315@ptpress.com.cn
网址　https://www.ptpress.com.cn
河北京平诚乾印刷有限公司印刷

◆ 开本：700×1000　1/16
印张：15　　　　2022 年 5 月第 1 版
字数：164 千字　　　　2022 年 5 月河北第 1 次印刷

定价：59.80 元

读者服务热线：(010)81055296　印装质量热线：(010)81055316
反盗版热线：(010)81055315
广告经营许可证：京东市监广登字 20170147 号

前言
Preface

我曾经在微信群看到有人分享的一段视频，视频内容是一个四五岁的孩子滔滔不绝地谈论着高阶物理学知识。这孩子所掌握的物理学知识的体量和深度已经在很多理工科大学生之上。微信群里看到这段视频的人无不惊叹，说他就是“别人家的孩子”。

我身边也有这种“别人家的孩子”。我前同事家的小男孩刚学会说话不久就能大段背诵《三字经》，不到 3 岁已经能背诵几十首古诗了，5 岁时就已经学会加减乘除法了。再看有的孩子，5 岁时连一首完整的古诗还背不全呢。

这类“别人家的孩子”都是天赋异禀吗？是他们的父母运气好，恰好碰上了天才儿童吗？别人我不知道，但我前同事家孩子的情况我是知道的。

我这个前同事酷爱文学，家里的藏书像小型图书馆一样多，他本人就是一个能出口成章、落笔成文的人。在孩子还小的时候，他每天和孩子“玩耍”的主题都是诗词歌赋。孩子大一点之后，他又专门请家教做育儿教育。

我相信微信群视频中那个掌握高阶物理知识的孩子，也不会天才到从一生下来就会主动去学习高阶物理知识。这孩子的父母中至少有一位也掌握了高阶物理知识。这孩子掌握的知识，大概率是在与父母相处的过程中潜移默化习得的。

如果只看结果，忽略过程，我们会觉得很神奇，以为这类孩子是天才。但是当看到每一个结果背后的过程之后，我们会发现其实不是这类孩子本身就是天才，而是其父母采用了正确的教育引导方式。

人的智商呈正态分布，就算是智商超高的人，在没有使用正确的智力开发方法的情况下，也并不比普通人强多少。在同样的教育方式下，如果别的孩子也有与“天才儿童”一样的经历，他们大概率也能成为天才。

方法是最关键的，其次才是个体的差异。人的成长也是如此，掌握正确的成长方法，运用正确的成长法则，能让人更好地成长为自己想要的样子。

终身学习的概念已经被越来越多的人认可，不论是上班工作、创业，还是发展副业，要想获得竞争力，学习是必须的，成长也是必须的。

成长需要学习，但学习不一定能带来成长。如果一个人学习的内容不对或没有掌握正确的学习方法，他仍然无法成长。

我的起点比很多人的起点都低，曾经的我没有资源，也不认识“大人物”，靠自己的努力和摸索，最终才成长为今天的样子。任何成长都不是偶然发生的，从以往的名不见经传到今天成为垂直领域的头部，我的成长过程经历过一波三折，我踩过的雷、掉过的坑很多。

我的图书策划人“写书哥”开始做互联网社群之后，开设了终身成长训练营，邀请我分享成长经历。我借着这次机会回过头看自己的经历，发现自己在一路走来的磕磕绊绊中，做对了很多事，也做错了很多事，其中有很多值得总结的法则。

看一下周围的人，不论是成年人还是儿童，因为成长方法不同，他们每个人的成长速度也不同。很多人有成长的愿望，但没有掌握成长的法则，甚至在用一些错误的方法成长，结果很难达到预期。方法对了，事半功倍；方法不对，努力白费。

结合我的成长过程，我总结了 28 个成长法则，它们构成了本书的主要内容。遵循这 28 个法则，个体能更好地实现成长目标。我期望本书能帮助读者朋友们更高效地成长，实现个体崛起，让自己拥有更大的价值。

本书内容及体系结构

本书共 7 章，每章分别聚焦 1 个核心主题，介绍 4 种成长法则。

[第 1 章　低开高走]

本章介绍了弹簧法则、逆风法则、次序法则和积木法则。弹簧法则解决的问题是，当人们陷入低谷时，如何像弹簧一样，被压得越低，越能积蓄能量，弹得很高。逆风法则解决的问题是，在逆风时，如何有效获取经验。次序法则解决的问题是，做事情应遵循什么样的次序。积木法则解决的问题是，如何让自己越来越强。

[第 2 章　精准选择]

本章介绍了闭环法则、生态法则、后发法则和聚集法则。闭环法则解决的问题是，在发展副业、选择创业项目、选择定位领域和设计商业模式时要注意什么。生态法则解决的问题是，个体如何在商业环境中找到自身的生态位。后发法则解决的问题是，如何保证选择的商业模式有效。聚集法则解决的问题是，不知道如何定位。

[第 3 章　竞争取胜]

本章介绍了错位法则、破局法则、三段法则和复合法则。错位法则解决的问题是，如何在激烈的竞争中获取竞争力，让自己具备竞争优势。破局法则解决的问题是，当人身处某个局中时，如何通过破局解决难题。三段法则解决的问题是，如何带着建设性意见解决问题。复合法则解决的问题是，如何构建复合能力让自己脱颖而出。

[第 4 章　规避风险]

本章介绍了不赌法则、独立法则、准绳法则和不输法则。不赌法则解决的问题是，如何增强风险意识，避免陷入一损俱损的局面。独立法则解决的问题是，如何构建独立人格，独立思考。准绳法则解决的问题是，如何让知道变成做到。不输法则解决的问题是，如何让自己“立于不败之地”。

[第 5 章　逆境翻盘]

本章介绍了牛顿法则、信念法则、退路法则和边际法则。牛顿法则解决的问题是，如何应对嫉妒与排挤。信念法则解决的问题是，如何成为自己想成为的人。退路法则解决的问题是，如何义无反顾地做事。边际法则解决的问题是，如何用一份努力收获多份回报。

[第 6 章　势能积累]

本章介绍了直线法则、延伸法则、淘金法则和灯塔法则。直线法则解决的问题是，如何高效率地做事。延伸法则解决的问题是，如何搭建知识体系。淘金法则解决的问题是，如何高效学习、积累。灯塔法则解决的问题是，如何聚焦于做从长远来看有价值的事。

[第 7 章　合作共赢]

本章介绍了个性法则、舍得法则、价值法则和兼容法则。个性法则解决的问题是，如何平衡外部需求和自身个性。舍得法则解决的问题是，如何让别人离不开你。价值法则解决的问题是，如何寻求与“牛人”合作。兼容法则解决的问题是，如何让自己被更多人喜欢。

祝读者朋友们能够学以致用，更好地学习与发展。

本书若有不足之处，欢迎读者朋友们批评、指正。

任康磊

目录

Contents

第1章 低开高走

第 2 章 精准选择

第 3 章 竞争取胜

第6章 势能积累

Chapter 1

第1章 低开高走

幸运的人往往起点高，生来就拥有资源优势，但这不代表起点低的人没有机会。我的起点很低，但我并不认为这是不幸。低开可以高走，起点比我低但如今比我发展得更好的大有人在，我凭什么不行呢？与其抱怨自己起点低，不如用行动改变命运。

弹簧法则：陷入低谷者如何掌控未来

弹簧法则：弹簧被压得越低，积蓄的能量越大，反而可以弹得越高。当人们起点低或发现自己深陷低谷时，可以选择做个弹簧，体会自己痛苦的情绪，用积极的行动而不是用抱怨或自暴自弃来消解痛苦，将痛苦转化成改变现状的动力。行动是治愈负面遭遇的最好方法。

幸运可以是一个选项

很多人问我为什么那么拼命，很显然，我这种起点低的人，除了拼命，还能怎么办呢？

我是烟台人，记忆中小时候的冬天特别冷，我的手指常被冻得像胡萝卜，奇痒难耐，脚后跟也常被冻得肿起，裹在鞋子里十分难受。那会儿我们家是平房，没暖气，只能生火烧炕取暖。为了省钱，白天家里舍不得生火取暖，只有晚上借着做饭之后用煤灰压上的余火取暖。

那时候晚上睡觉也是不安稳的，煤灰压的火后半夜就熄了，炕没了温度，整个屋子都凉飕飕的。盖在身上的棉衣棉被抵御不了深冬夜晚的奇寒，我在后半夜一定会被冻醒。醒了以后，我宁愿憋尿也不愿上厕所，因为平房的厕所在屋外。

上大学前，我最大的愿望是买件新衣服。记得有次我穿着姑父给的大码泛黄的褶皱衬衣去学校时，同学们向我投来了异样的目光；有次我开心地穿着表哥给的 8 成新的外套，跟同学炫耀这是新的时，被同学发现衣服上有个小补丁；有次我鼓起勇气对奶奶说想买件新衣服，奶奶坚决不许，我因此委屈地流下了眼泪。这种感受，在安逸的环境中长大的人也许永远无法体会。

每个人都有自己的内驱动力，不过动力有大有小。从小衣食无忧的人总有退路，而没有伞的人，在下雨时只能拼命奔跑。所以上大学时，我没日没夜地打工赚钱：从发传单到做导购，从做家教到卖电话卡，从摆摊卖饼干到为学习班招生。我所赚的这些钱虽不能改变我的命运，却至少可以让自己买件喜欢的新衣服。

我把家庭不幸化为拼命的动力。当这个世界没有人爱你时，你还可以选择自己爱自己。

心理学家说：幸运的人用童年治愈一生，不幸的人用一生治愈童年。我是不幸的人吗？如果我怨天尤人、自暴自弃，我确实是不幸的。

但我选择做个幸运的人。生活可以把我压得很惨，但我仍然可以自己选择做一个什么样的人，不幸的童年为什么不能成为我前进的动力呢？

命运可以在客观上给我们幸运与不幸，但命运夺不走我们的选择权。我们可以在主观上选择让自己处于幸运或不幸中。那些生来起点就很高的人，如果在主观上选择了不幸的活法，也会度过一个悲惨的人生。那些在低谷中的人们，如果在主观上选择了幸运的活法，选择了勇敢，选择了行动，就一定会展开一段精彩的人生。毕竟当人在最低谷时，只要往前走，走的就是上坡路。

机会不是只有一两次

高中时，班主任给我们打气时最常说的话是"高考很可能决定你们的未来"。高二时，我意识到班主任说得对，高考也许是我改变命运的唯一机会，于是我发奋学习，让成绩名列前茅。受一些家庭因素的影响，我高考没能发挥正常水平，但分数也不低。

可惜，那时的我无知到连"985""211"高校是什么意思都不知道，以为除了清华、北大、复旦等名校，其他学校都差不多。因为喜欢商业，于是我一门心思地想去上大城市的商学院。直到上了大学和同学交流，我才发现自己以原本能上"985"的分数填报了个二本院校。

我对"高考决定未来"深有体会是在毕业找工作时，我发现一起求职的人大都是名校毕业的，他们似乎总能获得更多的青睐。做 HR 后，我的感触更深。为了高效选拔，HR 在招聘时，自然会优先从名校中选人。

学历劣势曾一度让我灰心丧气，我觉得自己未来的人生发展没希望了。但我在职场打拼多年后发现，学历只是张车票，只要能上车，最后能走到哪儿，主要看个人的选择与努力。除个别领域，学历跟职业或事业的发展没有太多直接联系。

不要相信那些诸如“人生只有几次机会”的鬼话。这世界从来就不缺机会，缺少的是发现机会的眼睛和抓住机会的勇气。要发现机会，需要有足够多的信息；要抓住机会，需要有足够强的能力。与其抱怨没机会，不如搜集信息，增强能力。

在电商领域，错过淘宝带来的机会后，还有微商带来的机会、拼多多带来的机会、社群带货带来的机会、直播带货带来的机会、社区团购带来的机会等；在自媒体领域，错过了博客带来的机会后，还有微博带来的机会、微信公众号带来的机会、今日头条带来的机会、抖音带来的机会、B 站（哔哩哔哩网站）带来的机会等。

有次我和发小一起吃饭，他住在上海的哥哥也在。他哥哥是上班族，每月工资不到 2 万元，不过他买房早，十几年前就贷款在上海买了两套房子，如今已增值 10 倍。发小感叹，可能房地产市场再也没有这样的投资机会了。

房地产市场确实很难再有这样的投资机会，但这不代表其他领域不存在这样的机会。投资不只有基于外物的，还有基于自己的。很多人说写书是件费力不讨好的事，根本不赚钱，但我如今写书的收入已经是上班时的 10 倍。

时代在发展，机会永远都有。很多人说机会是面向未来的，这句话不对。不是只有未来的机会是机会，过去的机会也是机会。我是在很多人认为图书市场已经没落，如今已经少有人买书看书的时代，成为畅销书作者的；“写书哥”是在很多人认为微博已经没落，进军短视频领域才能发展的时代，成为微博“大 V”的。

如何用规划实现目标

起点低或身处低谷，只是暂时落后。人生不是直线跑步，我们在前进时除了比速度，还要看路径。这就需要制定规划，设定目标。

我以前跟别人讲过自己的规划，说自己计划什么时候买房，什么时候买车，什么时候结婚，什么时候生孩子。有朋友嘲笑我说：“你连生孩子也规划？”而事实是，我买房和买车的目标不仅都实现了，而且都提前实现了；结婚和生孩子的目标也都在预期年份实现了。受孕有科学的方法，为什么不能规划？

我的办公室在一所高中附近，每天到了学生课间操时间，学校会放励志歌曲，我想大概是为了鼓励孩子们迎战高考吧。在经常播放的励志歌曲中，范玮琪的《最初的梦想》令我印象深刻。其中有段歌词是这样的：“最初的梦想紧握在手上，最想要去的地方，怎么能在半路就返航。最初的梦想绝对会到达，实现了真的渴望，才能够算到过了天堂。”

梦想这个词，用在不同场合，有不同含义。用在高考考场，梦想就是高考学子走入心目中的大学殿堂的理想；用在竞技场上，梦想就是竞技者成为第 1、夺取金牌的愿望；用在职场上，梦想就变成了职员实现职业发展规划的方向；用在创业上，梦想就是创业者带领团队实现经营目标的渴望。

梦想是目标，实现目标需要规划，设计好路径。具体该怎么做呢？

在管理学中，有个经典的工具——平衡记分卡（Balanced Score Card）。这个工具常用于企业做绩效管理，但这个工具在企业管理和绩效管理中的成功运用，让我发现它完全可以用于制定个人的规划。于是我用这个工具为自己制定规划，并对这个工具做了拓展，将其变成人生规划表。

我制定人生规划用到的工具如表 1–1 所示。

表 1–1　人生规划表

规划维度	20×1 年	20×2 年	20×3 年	20×4 年	20×5 年
财务与理财					
学习与成长					
职业与事业					
生活与休闲					

（1）财务与理财规划：我会规划自己每年的年收入要达到多少，如何投资或理财。

（2）学习与成长规划：我会规划自己每年要学习什么知识，提升什么能力，看什么书，听什么课，考取什么证书。

（3）职业与事业规划：我会规划自己每年在职业上要发展到什么程度，什么时候开始发展副业，什么时候开始创业，什么时候开始向其他领域延伸。

（4）生活与休闲规划：我会规划自己每年在什么时候、去哪儿旅游，看什么类型的电影，尝试做一些什么样的户外运动，什么时候、在哪儿买房，买多大的房，什么时候结婚，以及什么时候生孩子，等等。

每个规划都有相应的行动计划及其所需要的资源支持。

刚开始用这个工具的前两年，我给自己定的目标一般是近期的、比较容易达成，当时所有目标的达成率都保持在 95% 以上；后来我开始给自己制定更长远、更宏大的目标，经过努力，我发现能取得 80% 以上的达成率。我渐渐发现，对当时的我来说想都不敢想的目标，竟然都实现了。

例如出书，如果现在的我回头问 10 年前的我，你觉得自己能出书吗？当时的我一定会说：出书？我这辈子要是能出 1 本书，就心满意足了。

制定规划可以分 4 步进行。

（1）闭上眼睛，问自己，想站在哪儿？想成为像谁一样的人？想达到什么样的状态？那里有什么样的场景？ 这时，你只需要用心来确定自己最初的梦想，并把这个梦想牢记于心，不论这个梦想看起来有多不切实际。

（2）睁开眼睛，写下自己的梦想，然后想想要达到梦想的那个状态需要哪些能力，需要哪些资源，需要付出什么，需要放弃什么。

这一步旨在看清梦想的样子。有人梦想成为职业经理人，那么他就要看清职业经理人究竟是什么样的，既要看到职业经理人风光的一面，也要看到其辛酸的一面，还要看到为成为职业经理人而付出的那些坚持与努力。

（3）想清楚自己现在在哪儿，现在是什么样的状态。

这一步旨在发现现状与梦想间的距离，找到通向梦想的那条路。有的梦想很宏大、很长远、实现过程可能比较长，有的梦想则不然。但无论如何，总有一条路是通向梦想的，我们要做的，就是找到它。

（4）根据自己的现状和梦想的状态，确定自己需要找什么人，需要做什么事，需要找哪些资源，需要主动学习哪些知识。

这一步旨在制订详细的学习和发展的行动计划。在通往梦想的路上，“打怪升级”是必需的。“打什么怪”要有计划，有行动。通过行动提高和增强自身素质和能力，寻找能帮到自己的资源，才能实现梦想。

很多人不相信规划的工具和方法，实际上是不会用，也没尝试去用。我们当然应该低头走路，但规划可以帮我们抬头看天。在不断规划与努力、持续敢想敢做的循环中，我们可以收获成长的复利，成为更好的自己。

逆风法则：如何有效获取经验

逆风法则：逆风不是件坏事，这是获取经验的信号，是成长的机会。一帆风顺不会让人真正成长，无法让人真正获取经验，反而在逆风时，人成长得更快，学到得更多，就像五月天的《倔强》中的歌词：“逆风的方向，更适合飞翔。”

经验来自不舒服

曾有人问我：“做人力资源工作的不都很闲吗？你们又不搞实际业务，你竟然还有通宵工作的时候，有那么多工作要做吗？”

我说："是的，大多数人力资源工作者确实不至于那么忙，但我不是，我喜欢没事找事。"

我之前工作过的公司（世界 500 强之一）属于零售业。在这个行业，运营人员通宵工作是常有的事。在这个商业中最本源、要靠管理从牙缝中抠利润的行业，要学到经营管理的真谛，最好的方法是紧跟业务的步伐。

我喜欢商业，自然不会放弃这绝佳的学习机会。所以我每天和业务部门的人混在一起，学习世界上先进的零售运营管理体系。反观我当时的很多同事，他们一边做着轻松的工作，一边抱怨自己工资低，但又不愿接触业务，嫌业务累，离业务部门的人远远的。

为什么我能把人力资源管理工具书写得又快又好？因为我做得够多，积累得够多。那为什么很多工作了 30 年的人写不出书来呢？除了写作能力上的差异外，很多时候是因为积累不够。对，你没看错，是积累不够。

很多工作 30 年的人，只是把一些简单的事重复做了 30 年，而且还每天想着怎么才能少做一点，如何偷奸耍滑，仿佛少做和偷奸耍滑就是赚了。把简单的事重复做 30 年等于有 30 年工作经验吗？当然不等于。

对此不理解的朋友，可以去人才市场看看。相同城市、相同行业、同种类型的岗位，为什么有的人虽仅有不到 10 年的经验，却可以年薪百万，有的人有超过 20 年的经验，年薪却不到 10 万元？为何前者的工龄不到后者的一半，薪酬却远超后者？答案就是前者有真经验，而后者有的是假经验。

我做人力资源工作的时候，每天接触新工作，迎接新挑战，虽然我只有十几年工作经验，但有的都是高质量的经验。我不仅把人力资源管理工作的方方面面都做过一遍，而且我与业务部门联系紧密，所以我制订的方案大都贴近实际，落地性强。

我会刻意避免以下 3 种情况。

（1）大部分时间处在悠闲、安逸、舒适的状态下。

（2）一直做自己能力范围内熟悉的事情。

（3）近期学习到的一切都和自己的三观与认知完全吻合。

当这 3 种情况出现时，代表我还待在舒适圈中，这是成长停滞的信号。

什么是经验？经验其实是“异常管理能力”，是人们在成功处理了一个个麻烦、困难、挫折、障碍等异常状况后才能真正习得的。如果一帆风顺，岁月静好，如何获取经验呢？

经验是怎么来的？有一次我和朋友一起坐飞机，途中遇到气流，飞机颠簸得厉害。朋友有些担心，小声对我说：“不会出什么事吧？”

我说：“你坐飞机的次数比我多，犯得着这么紧张吗？”

朋友说：“可我从没遇到过颠簸得这么厉害的情况。”

我说：“不用担心，颠簸得比这更厉害的情况我也遇到过，而且你看空姐的表情，丝毫不紧张，可见当前的状况并不是她们遇到过的所有状况中最糟糕的。”

舒服是换不来经验的，经验大多来自不舒服。

我有个学习体验，在我学习的过程中，如果我大部分时间都拍着大腿说对方说得真对，在这种情况下，我多半是学不到东西的。因为这其实只是巩固了我当前的认知，我并没有新的认知扩展，我的认知边界没有被扩充。

如果发现对方说的好像有问题，尤其是发现对方说的有个地方我无法认同，我就会开始研究对方为什么会得出这个结论，为什么会这么想。站在对方的立场去思考问题。在这个过程中，我反而能学到很多东西。

有了这个认知后，我发现自己以前的很多醍醐灌顶其实是假醍醐灌顶，是多巴胺分泌带来的快感，是因接受了一些知识娱乐化的内容而产生的错觉。这类内容是被包装出来的“垃圾食品”，好吃但没营养。

学习是反人性的，绝大多数人不会喜欢学习的过程，而喜欢学习为自己带来的结果，或者更确切地讲，是喜欢学习为自己带来的好处。

能有效增长知识、获取经验、扩充边界的学习，其过程通常应该是令人不愉快的，但学习之后的结果应该是让人愉快的。那些让人很愉快的学习过程，得到的结果反而很可能是令人不愉快的。

老地方没有风景

人有一种习惯，总喜欢在舒适、熟悉的环境中待着，这种习惯一旦养成，人就会变得无比依赖这种环境，从而不愿意出去看看，甚至怕看到外面熙熙攘攘的世界。时间长了，人就变得慵懒了、胆小了、懦弱了。

我有个大学同学，她很优秀，毕业前就拿到了 3 封录用信。这个同学非常想去北京闯荡，但最终经不住父母的软磨硬泡，她选择了留在家乡做一份清闲工作。别的很多同学都过着早出晚归的日子，而她每天准点上下班，在食堂吃饱 3 餐，也不担心被辞退，中午还有时间上瑜伽课。

岁月静好，日子安稳，但她并不满意。她的工作完全不能给她带来成就感，这让崇尚自由的她喘不过气。

她渐渐明白，待在舒适区，并没有自己想象的那样舒服。她理想中的自己是能独当一面的职业女性，而现在的自己，却在一点点地变得平庸。她想追逐自己的理想，可直到现在，她还是没勇气迈出那一步。

朋友们见她纠结，更多地是劝她安心待着，别折腾。是啊，万一她因迈出这一步而出了问题，谁敢承担鼓动她辞职的责任呢？

贪图表面的轻松和感官上的舒适，人们到头来会发现，自己固守的，与其说是某种生活方式，不如说是懦弱。如果真的不喜欢，要不要迈出那一步去追寻自己喜欢的，还得看自己。

人们离开熟悉的土地，才能领略大千世界的无奇不有；人们踏上新的旅程，才会明白经历赋予自己的意义。唯有走出去，离开舒适区，我们才能更深地体悟过去的自己与现在的自己有什么不同。

什么是自己？

山本耀司说："'自己'这个东西是看不见的，只有撞上一些别的什么，反弹回来，才会了解自己。"所以，只有跟那些陌生的、很强的、可怕的东西碰撞后，人们才知道自己是什么，才能找到真我。即使承受着风险，即使最后选择回归平淡的生活，但离开了舒适区，追寻过，就算是为找到真我努力过。

我曾经工作的公司有一位实习生，他家境殷实，实习期结束时就离开公司了。听说他毕业后没去找工作，准备在家待一年，说是想体验西方青年提倡的“间隔年”（Gap Year）。

其实在西方，度过间隔年的方式有很多，比如参加社会公益活动、去国外打工、学习一种新的技能等。但当我问起他，准备怎么度过这一年时，他却说自己哪儿都不想去，就想天天“宅”在家里，有爸妈管吃管喝，他可以每天窝在床上看小说、打游戏。

间隔年显然只是他给自己逃避现实找的借口。他拥有长达一年的时间，可以去做任何自己想做的事，随便“折腾”点什么都比窝在家里收获大。毕竟家是自己生活了多年的地方，窝在家里还有什么新的体验可言呢？

上学时，每个人都知道自己下一年要升一个年级，知道升一个年级后要学新的知识、见识新的风景，学会知识、饱览风景之后，下一年可以再升一个年级，但这种“升级”来自外部安排。毕业后，很多人没有主动让自己“升级”的意识，选择了停留在某个阶段，等待着来自外部的安排，不再前行。

老地方是没有风景的。那些永远待在舒适区的人，是看不到世界，也看不到自己的。不走出舒适区，就永远体验不到不同寻常的风景之美。

船的意义是远航

每个人都有属于自己的舒适区，长期待在舒适区中是难以成长的。要想成长，就要走出舒适区，以适度逆风的状态进入成长区。

1908 年，心理学家罗伯特 · M. 耶克思（Robert M. Yerkes）和约翰 · D. 多德森（John D. Dodson）提出，人们在相对舒适的心理状态下的表现是稳定的，如果想达到最佳状态，需要增加一点焦虑，也就是比正常状态略微大一点的压力。增加的这一点焦虑被称为最佳焦虑值（Optimal Anxiety），这一点焦虑刚好使我们处于舒适区的外沿。

其实舒适区本身并没问题，就像家一样，温暖舒服。但如果因为“贪恋”家的温暖舒服而放弃了去外面看看的机会，确实挺可惜的。

很多孩子都有过本来想出门，却被爸妈叫停的时刻，但大多数坚持出远门的孩子，也没忘记过回家的路。虽然他们中的一些以失败告终，但他们的眼界开阔了，认知的世界变大了，也发现了自己的渺小。

我在职场的最后一份工作，是在一家国内 A 股上市公司做人力资源总监。当时我在公司发展得很好，因为我工作起来比较拼，而且坚持与人为善，所以在公司得到了上级的认可、平级的赞誉、下级的爱戴。

但职场始终是有天花板的，碰到天花板后，再往上走就很难了。在大型上市公司，这个天花板正是总监这一级。总监的上一级是副总，属于高管，不仅要承受更大的压力、承担更大的责任，还要披露信息、接受公众监督。因此，公司的“一把手”对这个职位的人选是非常谨慎的。

我曾经所在的公司的“一把手”，也是公司的创始人，就曾明确表示过自己的用人标准中有“时间价值”这一项，能任副总一职的人，至少要在公司工作 15 年以上，一般都要达到 20 年，这样才能表明这个人对公司是忠诚的，他才敢把公司托付给这样的人。

我是个不断追求成长和发展的人。我很开心自己比很多人早很多年做了人力资源总监，也为自己在未来很多年都很难再在职业上有所突破感到苦闷。

当外部发展能满足我的内部发展需求时，我会依附于当前的局面；当外部发展不能满足我的内部发展需求时，我会想办法打破当前的局面。

怎么办呢？我当时想到了很多条路。

（1）跳槽，继续走职场路线，到更大的平台，寻求职级和薪酬的提升。

（2）加入知名的管理咨询公司，和高手们一起做管理咨询项目。

（3）加入知名的培训公司或成为自由讲师，从事培训行业。

（4）当乙方，加入成熟的人力资源服务公司，为甲方服务。

（5）创业，以构建个人 IP 为起点，自建团队，承接咨询项目、培训需求和甲方业务等。

我最终的选择是创业：先构建好个人 IP，然后再以个人 IP 为基础开展一系列业务。为什么这么选？因为前 4 种选择都有天花板，这些天花板容纳不下我的梦想。前 4 种选择都是在为别人打工，我想为自己打工。

我做出这个选择相当于把自己从一艘船的乘客，变成另一艘船的船长，我选择让自己扬帆起航，踏上没有尽头的征程。虽然过程中的艰险和风浪需要我自己来扛，但沿途的风景、我到过的地方拥有别人无法体会到的美好。

当初，为迈出这一步我下了很大决心，因为我不仅承受着来自我自己的压力，还承受着来自家庭的压力。

我大学刚毕业的那几年，家人没少教育我要找个“正经”工作，也帮我找过一些“好职业”，可阴差阳错，都没有成功。幸好我后来在企业发展得还不错，这才免于接受家庭的说教。如果让家人知道我辞了现在的工作去创业，一定会对我万般劝阻。所以刚创业时，我怎么也不敢告诉家人。

创业会遇到各种各样的困难吧？创业的成功率这么低，一般人很难坚持下去吧？在创业前，我也这么想。但是当我走出舒适区后，我才发现很多困境其实都是我臆想出来的。当初的各种自我设限，最后都被证实：多数情况都是我想多了。

刚走出舒适区时，我经历过很多不适，困惑于办公室租哪里的更便宜，下个月的营收从哪儿来，去哪里找客户，如何做出更好的产品，如何提高客户满意度，等等。但一旦克服了前期的不适，坚持便不再是坚持，而是一件顺理成章的事。

我发现人其实是一种非常容易“习惯成自然”的动物，我们之所以恐惧做一件事，之所以觉得做那件事可能很难，既是因为我们从来没开始过，没尝试过，没真的做过，也是因为不习惯做。而做着做着，我们会发现做那件事其实并不难，事实上，不是不难了，只是我们习惯了。这个习惯，也让我们变得更强了。

不了解帆船运动的人，会以为帆船只有在顺风状态下才能前行，实际上不是的。帆船运动员不论在顺风状态下还是在逆风状态下都可以前行。

停在港湾的船是安全的，但停泊不是它们生而为船的意义。人也一样，最怕的不是我不行，而是我本可以却从未行动。走出舒适区的人们，在遇到全新的自己后，会惊讶地发现：原来自己可以如此绽放。

次序法则：做事应遵循什么次序

次序法则：做事的一般次序是，刚起步时，解决“有没有”的问题；平稳后，解决“好不好”的问题；复盘时，解决“精不精”的问题。我们可以追求一次性把事情做对，但很难追求一次性把事情做精。把事情做对，需要方向、方法、逻辑正确；把事情做精，则需要在时间上、付出上、经验上打磨。

刚起步时，解决“有没有”的问题

是达到 80 分就可以开始，还是必须达到 100 分才能开始？

很多人认为自己做得不够好，只有 80 分，不敢开始，觉得必须达到 100 分才敢开始，并因此错过机会。

有的人本来有机会做一份 80 分的工作，但非要找到一份 100 分的工作才愿上班；有的人做了一个 80 分的产品，但非要把这个产品打磨到 100 分才愿上线；有的人本来有机会追求到心爱的人，但觉得自己只有 80 分，非要等自己到了 100 分才敢追求。

刚起步时，我们应先解决“有没有”的问题。没有 =0，0= 虚无，哪怕只有 0.01，也比 0 好。先做起来，才可能做得更好、更精。

成为畅销书作者的第 1 步是写书，这当然是废话。但一个人要写书，难道要等到他能写出旷世佳作之后再开始？当然不需要。

我为什么要开始写书？我当时是这么想的：做什么能积累势能，从而让别人高看自己呢？对一个普通人来说，除了写作出书，我想不到更好的方法。一个人就算喊破喉咙向周围人说自己厉害，也不如出一本书来得有价值。

书是会说话的，摆在那里，别人不需要打开它，它就已经告诉别人作者不是普罗大众。如果是畅销书，那书说话的声音就更大了，它会告诉别人作者是出类拔萃的。

要做知识型 IP，出书是必选项。我在开始有出书的想法时，只是为了积累势能，当时还不确定未来做什么，但出过书不论对择业，对做讲师，对做咨询，对未来创业，都有在竞争力方面的加持。

我的第 1 本书叫《精进之路：千万年薪的秘密》，是本给职场人士看的偏“心灵鸡汤”的书，讲的是我的导师的一些职场方法以及我从他那里学到的一些心得。我的职场导师税后年薪千万，他一个月只出勤 7 天。我当时对出版毫无概念，以为职场人士对这个主题应该会感兴趣。

我拿着稿子找了很多人，没人愿意帮我出书，我只能自费出书。后来我在“写书哥”这里出了书，为什么？不是因为在他这里不需要自费出书，而是因为我问了一圈，在他这里自费出书的费用最低。

结果呢？我的第 1 本书出版后的销量很低。为什么销量低？我总结出了以下 3 个原因。

（1）没名气却写“心灵鸡汤”。一般没名气的人写“心灵鸡汤”都不会成功。

（2）内容不够贴近市场。我没提前联系“写书哥”，只是拍脑袋写自己觉得好的内容，却未曾想内容够不够贴近市场。术业有专攻，“写书哥”在图书出版方面比我专业，更了解市场，所以现在我在确定图书主题方向时都会提前和他沟通。

（3）没有后续推广。要成为畅销书作家，需要持续对书进行推广。可我在出第 1 本书时还在职，不仅没时间为书做推广，而且也没有流量资源。

但我能说这本书不该出吗？我能说出这本书是个败笔吗？不能！事实上对当时的我来说，书只要出版了，就是胜利；只要出版了，我就多了一个身份——作者；只要出版了，我就比没有出过书的人多了一种优势。

平稳后，解决“好不好”的问题

“好不好”不是不重要，因为在解决完“有没有”的问题后，我们接下来就要考虑“好不好”的问题。所谓“好不好”，就是能不能在起步 80 分的基础上有所进步，达到 90 分以上。在图书出版方面，这正是我出第 2 本书时要考虑的。

我以前有个执念，认为写书要说自己想说的，所谓著书立说嘛，要把自己顶级的认知写出来，要高屋建瓴，这样才显得厉害。所以，我认为好书一定要有思想深度，眼界一定要远，格局一定要大。然而我的第 2 本书《人力资源总监管理手册》证明，这样做很容易曲高和寡。

我的第 1 本书上市后，我才敢想有没有可能出第 2 本书。我为什么想出第 2 本书呢？那时我还在企业工作，未来有几个发展方向可以选。

当时我最心仪的方向是继续在企业中走升职加薪路线，想到更大的舞台上继续做人力资源工作，所以我觉得出一本人力资源管理领域的书有助于我跳槽找工作。

和“写书哥”沟通后，我们很快在主题上达成了一致意见，但在内容上出现了分歧。我觉得那时市场上销量较高的人力资源管理类图书内容都比较浅显，都是面向“小白”的，而且都还在按传统人力资源管理的六大模块分类——顶级管理咨询公司在实战中早就不用六大模块分类了。

我当时想：我可不能这么写，不然显得我层次太低了，万一被高手看到了，他们肯定嗤之以鼻，心说就这水平也好意思出书？在和“写书哥”进行了几番沟通后，我虽然没写自己顶级的认知，却也没写给新手看的内容。这本书和我的第 1 本书相比，有如下优点。

（1）专业的人写专业的事，领域对口，更有说服力。

（2）书中有真实的工作场景，有我工作中遇到的常见难题和我的应对方法。

（3）书中有很多关于工作的经验之谈和做事原则，不是只讲理论。

这本书出版后，销量比我的第 1 本书高多了，但也算不上畅销。问题出在哪呢？

（1）内容不够实。追求高屋建瓴在多数情况下都是务虚，而我还是在没有名气时务虚。对绝大多数人而言，与其追求高屋建瓴，不如迎合市场需求。

（2）目录和内容结构设计有问题，没按人力资源管理常规的六大模块分类。我自己知道书中讲的是怎么回事，但读者不知道，因为书中的知识点不明确。

（3）实操性不强。多数买人力资源管理类图书的读者寻求的是怎么做，而不是为什么。这本书虽然讲了很多法则，但不能帮助初学者学习到足够的实操技能。

后来，随着不断有新书出版，我的影响力起来了，也带动了我的第 2 本书的销量。写第 2 本书是我在图书市场追求好的过程，这本书虽没滞销，却仍有很多不足。在第 2 本书出版后，我有了以下 3 点心得。

（1）走出以自我为中心的思维陷阱，不要活在自己的世界中，不要以为自己觉得好的东西就是别人需要的。

（2）了解市场，敬畏市场，迎合市场，以市场为中心。

（3）在自己不熟悉的领域有困惑时，可以直接接受信得过的专业人士的意见。有不同意见时可以与他人探讨，但不要以为自己的聪明才智可以胜过别人多年的专业积累。

复盘时，解决“精不精”的问题

我出版第 1 本书是为了追求有，出版第 2 本书是为了追求好，而我出版第 3 本书就是要追求精。如果没有之前那些在尝试后发现行不通的经历，如果没有对之前的犯错过程进行复盘，我根本不可能写出畅销书。

错误可以犯，但有再一再二，没有再三，有了出前两本书的经验，我渐渐摸到了写书的门道，于是开始策划出版我的第 3 本书《人力资源管理实操从入门到精通》。

从写第 3 本书开始，我确定了在以后很长一段时间都深耕人力资源管理领域，先实现单领域爆发，成为这个领域的“头部作者”，再逐步进行延伸。我的第 3 本书在推出后大获成功，很快登上人力资源管理类图书畅销榜，最高月均销量超过 6000 册。

这本书为什么能成功？我总结了以下 5 点原因。

（1）接地气。工作 1～3 年的新手是人力资源管理类图书的主要消费群体，这本书定位精准，在内容和策划上全都直指目标读者。

（2）易上手。人都有偷懒心理，所以我在书里提供了大量表格、规范、工具，让 HR 能一学就会、会后就用，就像教读者做菜一样，他们一步一步照着做就行。

（3）内容全。我把 HR 在实战中最关心、最需要做的所有关键节点都写出来了，而且把细节都写全了，可谓内容翔实。

（4）讲故事。在讲解每个实操知识点时，我都给出了相关的真实故事和案例，同时配有应用场景和注意事项，让读者感同身受，更有共鸣。

（5）送资料。为了给读者更好的学习体验，我专门录制了视频课程，还赠送大量资料，作为购书后的增值服务。

我的第 3 本书的目录有近 300 个标题，全书有超过 500 个实操知识点，使我的核心竞争力得以充分展现。

这本书之所以能畅销，不仅源于图书策划得当，还源于营销宣传到位。为了促进图书销售，我到各大人力资源管理垂直领域网站写文章，并每日更新，不仅能“刷存在感”，而且能极大地吸引流量。

我参与各种线上、线下活动，只要参加活动就推荐这本书。此外，我还前后内购了 1000 多本，作为线上、线下活动的赠品，以此加大宣传力度。

做精品需要经验支撑，需要时间沉淀，需要细心打磨。不要总想着一开始就出精品，先行动起来。在行动中尝试、改变、再尝试……直至成功。成功源于敢于开始，敢于行动，敢于犯错。在通往成功的路上，你犯的错误越多，遭受的失败越多，你的能力往往会变得越强。

积木法则：怎么做可以越来越强

积木法则：世人有两种典型活法，一种是搭积木游戏式的活法；另一种是抽积木游戏式的活法。搭积木游戏看谁搭得高、稳、美观，就算谁赢；抽积木游戏看谁抽完后积木塌了，就算谁输。

同样是比输赢，搭积木游戏玩到最后，输家虽然输了，却搭出了属于自己的积木形态；抽积木游戏玩到最后，赢家虽然赢了，但所有积木倒塌，除了赢的感觉外，什么也没剩下。

让自己采用搭积木游戏式的活法，就算输了一时，但从长远看，自己并没有输。

转行不会更容易

很多人在一个行业里做着做着，觉得做不下去了，想谋求新的发展，就想转行；转行后做了一段时间，发现做不下去了，就又转行。转行真的是解决问题的方法吗？如果自己所在的行业确实在迅速萎缩，转行也许是对的。但如果只是因为自己在这个行业中没做好，那转行不仅不会从根本上解决问题，而且还是种损失。

很多人觉得，自己所在的行业不热闹，不是那种热门的领域，自己赚不到钱。例如很多职场人士抱怨自己不是程序员，不是产品经理；很多传统行业的老板抱怨自己做的不是互联网行业，说传统行业已经没有机会了。

真是这样吗？我身边很多做传统行业的朋友，不少人只开了一家店，雇了几个人，平时看着特低调。不熟时我以为他们做的都是小生意，以为他们收入不高。熟了以后才发现自己的无知。

有个做门窗生意的小老板，在犄角旮旯开了个厂子，一共就雇了十几个员工，每年净利润竟然可以达到 1000 多万元。我问他这个厂子开了多久了，他说开了 20 多年了，但生意并不是一开始就这么好。

他最早开了个做门窗的小店，开店之初的 5 年生意都没起色，倒不是因为竞争激烈，主要是当地市场空间小，没有稳定客户。那时家人劝他放弃，他却坚持做了下来。后来随着房地产市场崛起，随着当地商业发展，他的生意也开始好起来。

他的生意红火，很快就吸引了大量竞争对手，大量同质化的店接二连三地开起来了，其中不乏资金雄厚的。他开小店，别人就建厂；他的窗卖 1000 元 /m^2，别人卖 800 元 /m^2。就这样，他本已有起色的生意连续几年碰壁，又到了生死边缘。

这时家人又劝他转行做别的，他觉得自己已经在这个行业里坚持 10 年了，做别的行业是重新开始，什么都不懂，更没有竞争力，还不如坚持做好这一行。他认为，在自己熟悉的领域寻求突破，比到新行业寻找机会相对容易。

怎么办呢？他先从流失的大客户上寻求突破。他找到他之前最大的客户——某房地产老板，说自己的窗价格虽然贵，但质量绝对有保证。房地产老板不买账，“王婆卖瓜，自卖自夸”，谁都说自己的东西好，但别人的窗就是便宜，而且人家的厂子规模也比他的店大，凭啥买他的？

他和房地产老板打赌，他的窗虽然价格高一点，但质量一定比房地产老板现在采购的好一倍，他来承担验证环节造成的一切损失和费用，房地产老板一开始仍不为所动。为了证明自己的产品质量好，他开车载着房地产老板去施工现场验证。他现场把自己之前安的窗拆下来，再把现在房地产老板采购的窗拆下来，锯开两扇窗以比较横截面。

看横截面，就算不懂行的人也能明显看出他的窗质量更好：不仅窗体内部是实心的，而且厚度更大。二者从外表上看却是一模一样。他和房地产老板说，他们当前采购的 800 元 /m^2 的窗，从他这里采购只需要 600 元 /m^2。而他卖 1000 元 /m^2 的窗，很多人都卖 1500 元 /m^2。

这种视觉上的对比让那个房地产老板惊呆了，该房地产老板不仅惊叹于相同外表的窗的质量差距竟有如此之大，还惊叹于一家门窗店的小老板敢于做出这么有魄力的行为，觉得这个人很有人格魅力，于是该房地产老板当场决定以后所有的窗都从他这里采购。后来他和这个房地产老板成了很要好的朋友，他每年 1/3 的营业额都来自这个房地产老板。

那是他生意的转折点，接下来，他就用这个方法把失去的客户一个接一个地争取了回来。他为什么敢这么做？除了有魄力外，还源于他对自己所在的行业的理解够深。不是所有行业只要建厂形成规模就能有效降低成本，基于对自己所在的行业的认知，他自信自己对价格、成本和质量的管控做得比较好的，所以才能赢得市场。

人们在某个特定行业中的积累，就像是一块一块搭建起来的积木。在这个行业中做得好的人，就能将积木搭得又快又好，暂时领先。做得不好的人，也许是积木搭得比较慢，也许是还没找对方法，只要方法对了，继续搭，用心搭，一直搭，总能搭出一片属于自己的天地。

红利来源于积累

把传统产业做到极致，能达到什么程度？

2010 年，娃哈哈食品集团创始人宗庆后登上胡润全球百富榜。宗庆后是白手起家，小时候家庭曾经非常困难，有兄妹 5 人，父亲曾一度找不到工作，全家人只能靠母亲做小学教师的收入维持生活。他做过推销员，蹬三轮卖过冰棍，吃过不少苦。

2020 年年底，福布斯实时亿万富豪榜显示，农夫山泉创始人钟睒睒以身价 780 亿美元，成为中国首富，同时也是亚洲首富，在榜单上排名第八。钟睒睒也是白手起家，他做过泥瓦匠，当过记者。

原来，卖水这种最传统、最普通的产品，也可以卖成首富。这是怎么做到的？

宗庆后和钟睒睒有他们各自不同的创业故事，但两人有个共同点，就是他们都遵循搭积木游戏式的活法：他们今天的成就，都是一块积木接一块积木搭起来的。他们在这个行业中积累了很长时间，才最终获取收益。

虽然卖水的市场空间巨大，但竞争也十分激烈。曾经，乐百氏凭借“27 层净化”的广告词不仅俘获了一代人的心，而且还被当作经典商业营销案例广为传颂。可如今，乐百氏已经悄然退出瓶装水市场，超市里已经见不到它的身影了。

卖水最关键的，不是广告宣传，而是渠道管理、物流管理和供应链管理。要说广告宣传，娃哈哈之前的艺人代言和农夫山泉的广告词同样深入人心。但娃哈哈与农夫山泉的胜利，主要是赢在了终端积累上。

什么是终端积累？就是针对所有的零售店，娃哈哈和农夫山泉的策略是，只要是线下实体零售店，要么店里干脆不卖水，只要卖水，就一定要有自己的产品。这件事可不是简单地靠“砸钱”就能办到的，和连锁超市可以谈合作，但对同样占据巨大市场份额的街边商店，前期就需要人力进行扫街式的铺货与维护。

扫街式占据终端有点像现在一些地面推广人员为互联网公司拉新，这种在市井中谈判、合作的买卖，没有做过的人很难体会。我大学时做过可口可乐的兼职促销员，因为做得好，督导让我帮她一起巡街检查铺货情况，几条街的每家店都要进去检查陈列和货量，一天下来，腰酸腿痛，袜子都磨破了。

我当时想，大名鼎鼎的可口可乐品牌，不是号称品牌价值世界第一吗？怎么还需要员工做这么简单费力的工作？后来我才明白，只有占领终端才有可能占据市场份额的道理。

这是人用脚跑出来的生意，不是跑一次铺上货就行了，而是需要每天跑，与每家店熟了以后也不能松懈，要持续维护，依然需要每天跑，因为你不跑，竞争对手还是会跑。这一切，如果不像搭积木一样一块一块地积累，怎么会有今天的局面呢？

一切成就都是像积木一样堆积出来的，一切红利都是积累得来的。所有吃到传统行业红利的人，都是在这个行业内有足够积累的人。所以吃到新兴行业红利的人，大多都是曾经在某个行业内有过足够积累的人。

红利来源于积累，是一步一步跑出来的，是一块一块搭起来的。普通人如何获得红利？持续学习、成长，不断坚持，准没有错。

内行人不谈颠覆

很多行业大约都遵循这样的规律：2% 的人赚大钱，18% 的人能赚钱，30% 的人不赚不赔，剩下 50% 的人赔钱。那些不赚不赔和赔钱的人（80% 的人），天天说自己所在的行业已经走到头了。尤其是那些处在传统行业中不赚不赔的人，最喜欢说传统行业没落了。

其实大多数真正赚到钱的人是不会到处张扬自己赚到钱的，也不会轻易告诉别人自己是怎么赚到钱的。太过热闹的行业，入行后很有可能赚不到钱，那些不太热闹的行业，进去后反而有可能赚到钱。

我见过很多人，一开始觉得卖白菜赚钱，后来卖着卖着觉得太累，认为还是卖猪肉赚钱，又转去卖猪肉，卖了一段时间的猪肉发现卖猪肉太血腥，后来又觉得卖土豆好，卖了一段时间土豆，发现不仅累，而且赚不到大钱，想做什么根本没定数。

许多人总以为自己能看懂100种生意模式，就能做好100种生意，这是彻底错误的。其实，人只需要聚焦在一个领域，做好一件事情就可以了。在一个行业中深耕细作，是搭积木游戏式的活法。而那种一有问题就转行，频繁换领域的人，其每次转换都相当于把自己原来搭的积木推倒重搭。

好多营销号发的文章谈“跨界打劫”，说数码相机“跨界打劫”了胶卷行业，智能手机又“跨界打劫”了数码相机等，并根据外卖平台“跨界打劫”了方便食品行业之类的现象，说互联网终将颠覆传统行业。

其实那些爱说“跨界打劫”的人，基本上都是为了制造话题、博人眼球。他们将逻辑倒置，把结果说成原因，把现象说成目的。没有哪个经验丰富的人在设计产品时是抱着“跨界打劫”的心态去做的。

“跨界打劫”的前提是，要被“打劫”的那个人会的我都要会，他不会的我也要会。如果那个人会的我不会，那还没等到我去“打劫”，我在那个人所处的领域中就已经先被打败了。

所谓“跨界打劫”，都是聚焦在用户层面的无意为之，大多数人只看到了结果，没看到初衷。

什么是颠覆？颠覆是推倒重建，就是本来费劲心力用积木搭了一座小城堡，要推倒之后重新搭。内行人从不谈颠覆，那些大谈颠覆的人，往往对别的行业只了解30%。当人们对一个行业的了解程度达到30%的时候，就会觉得发现了一个巨大的商机，觉得自己可以颠覆这个行业。

这是一种什么心态呢？就是看到这个行业里很多人搭出来的积木不好看，他们觉得自己搭出来的积木可以更好看。但真的进入了这个行业，对行业的了解程度达到 70% 的时候，他们就可能信心全无了。因为他们会发现原来自己关于这个行业思考的一切问题，其实都已经被这个行业的人思考并践行过了，自己并不比这些已经在行业内打拼多年的人高明。

别随便谈跨界，别轻易谈颠覆，遵循搭积木游戏式的活法，把一个领域琢磨透了，成为这个领域的"头部"，就已经足够让自己活出精彩了。

Chapter 2

第 2 章 精准选择

人生无时无刻不在做选择，选择不仅决定了方向，也决定了事情值不值得做，还决定了事情能不能做成。很多人只会低头做事，不会抬头看天，最后事情没做成，才发现是自己一开始选错了。学会做选择，能少走很多弯路。

闭环法则：怎么做可以持续赚钱

闭环法则：商业世界的任何选择都只有在商业模式的逻辑形成闭环之后才值得践行。闭环法则的特点有 3 个。

（1）可行（Feasible）：商业模式的逻辑是通的，有基本的盈利模型，能实现盈利。

（2）可持续（Sustainable）：商业模式的逻辑可以持续运行，不是只能盈利一次或几次。

（3）可扩张（Scalable）：商业模式中投入增加，盈利也能同比例增加。

这个法则不仅适用于发展副业，也适用于选择创业项目、选择定位领域和设计商业模式。

做好主业是发展副业的前提

发展副业的前提是先把主业做好，如果一个人连主业都做不好就开始做副业，那就叫不务正业。在这种情况下，他的副业大概率也做不好。主业没做好，说明还有成长空间，这时候应该把主要精力用在做好主业上。主业做好了，没有成长空间了，再考虑发展副业也不迟。

滴滴刚开始允许私家车兼职的时候，办公室同事们在聊起另一位同事时都很羡慕他，说他下班后兼职开滴滴，每天开到晚上 9 点多钟回家，平均每天能赚两三百元，一个月下来收入快赶上主业的薪资了。

这个小伙子 29 岁，“211” 学校本科毕业，已经在公司工作 5 年多了，主要负责产品的质量检测工作，平时看着挺阳光的。

有一次，我找他的上级谈事时谈起了他，他的上级说他平时工作虽然算不上差，做事挺利索的，但没有上进心，只做自己手边负责的事，同事事情没做完他也绝不帮忙，没有集体意识和团队精神。

产品质量检测工作虽然看起来都是机械化的内容，每天只需要按部就班地完成任务，但这个工作的延伸性很强。

（1）通过质量检测发现较多已出现的产品质量问题，能推导出生产、工艺、采购、技术、风控等方面存在的问题，从而在更高维度上为企业解决问题，创造价值。但这显然需要质量检测人员具备这些方面的基本知识，掌握相关环节的运作原理。

（2）企业提高产品质量是体系上的事，所以需要进行质量体系建设。

要搭建质量体系，需要从人员、机械、用料、方法、环境等各方面入手。这就对负责质量检测工作的人员有了更高的要求：要有更大的格局和更广阔视野，要有更强的内部资源整合能力和沟通协调能力。

（3）产品质量检测会用到各类仪器设备，涉及多种检测方法，这些检测方法的信度、效度、成本各有不同。要熟练掌握和运用质量检测设备与方法，也需要学习。

这么多可以延伸的方向，他都做到了吗？没有，他每天就抱着完成任务的心态在工作。即使他的上级很想培养他，也会因为他自己不上心，只得作罢。

我那次和他的上级谈论的主题是减员增效。我是做人力资源管理的，如何用更少的人做更多的事是我时刻需要考虑的。谈到最后，我没想到他的上级已经把他列入了人员优化的行列。

我很不理解他的行为。为什么他把很多精力放到了副业上？难道是家里有经济困难吗？抱着这样的疑问，我找他深聊了一次。

他出身于小康家庭，家里没有经济困难，他开滴滴纯粹是不想在家闲着，而且开滴滴能增加收入，让他可以有更强的消费能力，买他自己喜欢的东西，所以他就做了这个副业。

那为什么不先做好主业呢？因为做好主业需要漫长的学习过程，短期见不到回报，而且他认为不能把鸡蛋放在一个篮子里，不能把精力都放在主业上，他这样做是分散风险。他的做法或许并不是最优的。

开滴滴属于简单、重复的劳动，本质上是用时间和体力换钱。虽然劳动不分贵贱，但他的基础使他本来有能力发展得更好。他的学习能力不差，做主业既有管理阶梯可走，又有技术阶梯可爬，持续学习会让他在主业上获得市场竞争力，提升市场价值。

我好言相劝，他仍不以为然。最后，虽然他的上级没有在部门人员优化的时候请他离开，但他的职业估计也不会有更好的发展了。

本可以在主业上大放异彩的人，为什么非要把精力用在发展副业上呢？

逻辑不通会导致低水平勤奋

很多人看别人成了“大 V”后风光无限，甚是羡慕，然后就在什么都没想好的情况下，一头扎进互联网的洪流中开始做自媒体。不说那些被淹没后没做成“大 V”的，很多在努力之后收获大量“粉丝”的，也不过“徒有其表”，做到最后也没赚到钱。

我身边就有很多这样的朋友，他们想尽一切办法做大自媒体的流量，结果做出来之后，怎么变现呢？没想好。

有一次，我和一个朋友说：“你要不先想好了再开始做？”

他说：“这就是你不懂了，互联网时代流量为王，我先做出大流量的自媒体来，到时候再想变现的方法也不迟。”

结果呢？我这个朋友空有一个拥有百万粉丝的大号，一个月接几个广告，收入也就几千元，和他前期的投入完全不成正比。而且自媒体要有持续的内容生产，如果断更，马上就会“掉粉”。他后来陷入一个投入远大于回报的局面，食之无味，弃之可惜，只能苦苦坚持。

我说：“流量做起来了，这回有变现方法了？”

他说：“还没想好，还在摸索中……”

我作为一个旁观者，总结他的情况大致是这样的：他做自媒体不是为了玩，他很想利用辛苦做起来的大号变现，但一直没想好持续的、稳定的变现模式。自媒体最常见的 3 种变现模式，他觉得都不适合自己。

1. 广告变现

他最想通过广告变现，但他是被动接广告，广告单子有时多有时少，很不稳定。而且找他打广告的单价比较低，他又不能直接推了不接，因为他不知道去哪里找稳定的大单。有一些广告单子倒是很多，如卖减肥药的、卖美容针的、卖理财产品的广告，他又不敢接，因为这些产品太容易出问题了。

2. 知识变现

知识变现的方式有 3 种：第 1 种是他自己讲课、卖课，第 2 种是他卖别人的课，第 3 种是他做一个知识付费的社群。他的自媒体平台是抖音，内容偏大众生活化，领域不够垂直，而知识产品通常是解决某个特定领域的问题。同时，他的“粉丝”黏性低，绝大多数用户关注他只是为了看他发布的有什么好内容，根本不会加入他的社群。

3. 带货变现

带货变现的方式有两种：第 1 种是直接上网店链接；第 2 种是做直播，既可以卖自己经营的商品，又可以卖别的网店经营的商品。这些他都试过。他试过放一些合作网店的链接，但成交量极低；他直播了几次，发现没多少人看，更不要说带货了；经营自己的商品就更没谱了，他压根就没做过这类生意，连选品都不懂。

他成功做出了自媒体大号，这已经比那些没做出大号的人强了，但只做出大号是不行的，没有满足可行、可持续和可扩张的闭环法则，逻辑不通，他的一切努力，都必然是低水平勤奋。

目前相对稳定，也是他最想做的广告变现虽然可行，但他没有找到稳定的接广告方式，都是被动接受，缺乏主动性，收入不稳定，所以难以持续。他的“粉丝”数量虽破百万，但黏性低，可见他的账号商业价值低。目前看，他接广告的单价不具备较大的增长空间，也不具备可扩张的特性。

我当然不是说做自媒体不对，而是说在没有想好如何形成闭环的情况下就贸然行动，很容易出现投入和产出失衡的现象，这会让努力变成低水平勤奋，从而导致资源浪费。

很多人建议我做自媒体，因为做好自媒体等于抓住了流量端，对我大有好处。我当然知道这个道理，其实我并没有放弃自媒体，我有微信公众号和微博，虽然都在运营，但都毫无起色。

做不好微信公众号和微博是因为我行动力差吗？当然不是。我这种一天工作 14 小时的“工作狂”怎么可能没有行动力。是因为我没有能力做好吗？也不是，做任何事情都有相应的方法论，方法对了，只要投入精力就一定能做好，而且我本身有一定基础，做起来并没有那么难。

那我为什么迟迟不用心去做呢？

因为我还没想好做自媒体的闭环。自媒体是个需要持续投入的工作，前期必然存在一段付出与回报不成正比的时间，而且未来的存续也很难讲，又很容易出现内容枯竭的情况。在未来，我大概率会投入时间好好做自媒体，但前提是我要想好如何形成闭环。

闭环是持续产生利润的飞轮

很多人学时间管理，表现得非常懂得如何管理时间。一段时间后，这类人虽然没有浪费时间，但在价值创造上也没有进展。为什么？因为会管理时间不代表会利用时间，管理时间是不让时间浪费，利用时间是提高时间的单位价值，即人在单位时间内能够创造更高的价值。

用时间做的事，可以理解为用时间对未来进行投资。有效利用时间，就是要让投资最大化。那么，什么样的事最值得做呢？

这些事最好能同时满足可行、可持续和可扩张 3 点。满足了，至少代表这些事在逻辑上说得通，不满足，这些事在逻辑上就说不通，做了也注定失败。一个人对时间管理的理解再高明，如果没有认识这一点也难以让自己增值。

以写书为例，很多人问我：写书不赚钱，你为什么还要把大量时间用在写书上呢？

和很多行业相比，写书确实算不上什么赚钱的事，这是事实，但写书能够完美契合闭环法则。

1. 可行

写书确实赚得不多，但赚得不多不等于不赚钱，这个道理就像是开早餐店卖煎饼果子，卖一套煎饼果子虽赚得不多，但只要销量上去了，也可以获得可观的收入。写书一出版一得稿费，这种传统的经济模式，不仅符合薄利多销的逻辑，而且还能有效增强势能。

2. 可持续

没有一夜暴富的作者，写书是一件细水长流的事，是一件可持续的事。畅销书的生命周期有多久？一般是 3～30 年。这里没有说那些百年畅销书，因为它们的生命周期已经比大多数企业的寿命还长了。

3. 可扩张

写书可以扩张吗？当然可以。从销量的角度看可以扩张，从写书数量的角度看也可以扩张。如何增加图书销量？如果平均一本书的销量只有 10 万册，那就写 10 本，写 20 本，写 30 本。这时候一定有人想，写 30 本，这可行吗？这可能吗？

我有个思维习惯。当我发现别人能做到一件事的时候，我接下来考虑的不是我做这件事可行或不可行，而是我一定要做；不是我可能或不可能做到这件事，而是我如何做到。5 年写 30 本书，我考虑的不是可能不可能的问题，而是我如何做到。

做 IP 的最终目的是赚钱，既然要赚钱，就一定要有恰当的商业模式。所谓商业模式，就是通过一系列行动，最后获得收益的模式。商业模式最关键的，是要在逻辑上形成闭环。

只有形成闭环才能既使 IP 势能增加，又促进个人价值提升。不形成闭环，我们会发现，做着做着，压根都不知道自己在做什么，做着做着就迷茫了。

对知识型 IP 来说，什么是闭环？主要是 5 个端：流量端、产品端、运营端、转化端、品牌端。当然，这 5 个端不一定都要自己做，但都要有。

对大多数个人 IP 来说，最重要的是产品端和品牌端，这两个端一定要抓好。其他端有精力就抓，没精力可以和别人合作，可以在更长的供应链上寻找合作，在更广的价值链上找准位置。

术业有专攻，通过合作，让专业的人做专业的事，然后给专业的人应得的收益，是效率最高的策略。很多人不懂合作，什么事都想自己做，结果浪费精力不说，最后还可能做不好。

我和同事买了同小区同户型的房子，我找装修公司“大包”，同事自己从网上下载设计图，自己雇工人，自己跑建材市场砍价买材料……结果我花了 20 万元，装修出了 30 万元的效果；同事花了 30 万元，却装修出了 15 万元的效果。

我现在主要做产品端和品牌端，在产品端，我通过“出书—读者反馈—设计课程（线上 + 线下）—继续出书—读者反馈”形成良性循环，实现螺旋式上升。

在品牌端，我通过“出书—影响力增强—个人品牌价值提升—继续出书—影响力增强—个人品牌价值提升”的良性循环，实现影响力和个人品牌的持续增强。

当然我也在不断学习、成长，学习更多成功案例的做法。方向对了，方法对了，该做的都做了，才有可能做成。如果逻辑不通，行动会变成低水平勤奋。

生态法则：小城市就没有发展吗

生态法则：商业世界就像一个大的生态环境，个体在商业世界中的位置就像生物在生态环境中的位置，即生态位，个体在商业世界的发展变化就像生物在生态位上的发展变化。生态位等于价值位，决定了个体在商业世界里创造价值的能力。

生态位决定价值位

我在天津上的大学，刚毕业时准备留在天津发展。后来，因为奶奶病重，她不希望我离她太远，我就回到了老家附近的城市——威海工作。威海地处山东半岛东端，属于三线城市，海洋产业和旅游产业比较知名，人们的整体生活节奏较慢。

很多人为我从天津到威海工作感到惋惜，我一开始也是这么想的。很多人是在大城市没得到好的发展，迫不得已才选择去小城市，而我并非如此。

我原来一直以为在小城市学不到东西，待在这里慢慢会变得眼界狭隘，失去发展机会。刚到威海时，我甚至一度以为自己一辈子也就这样了。

但事实并非如此，我所在的上市公司的首席战略官是加拿大人，税后年薪 1000 万元。公司的管理团队中有美国人、澳大利亚人、马来西亚人等；顾问团队中有英国人、德国人、日本人、印度尼西亚人等；合作咨询机构有 IBM、埃森哲、罗兰贝格等。

这家公司支付着世界一流的薪酬，拥有着世界一流的人才和团队，其运营模式和管理系统都是世界前沿的。在这家公司工作，难道眼界会比在一线城市工作时狭隘？难道学不到东西？

有很多人鼓吹让人们都涌入大城市，说只有大城市才有发展，才有未来。这实际上是在误导众人，在“神化”大城市的价值，在盲目否定小城市的价值。

一只猎豹，在非洲大草原上是猎豹，到了美国黄石公园也是猎豹；一只鹿，在非洲大草原上是鹿，到了美国黄石公园也是鹿。猎豹到了哪里都是食肉动物，是猎食者，鹿到了哪里都是食草动物。

由此可见，关键不在于你在哪，而在于你是谁。任何一个在小城市财富排名靠前的人，到大城市也一定不会太差。如果一个人在小城市不懂如何获得财富，到了大城市也一样不懂，而且这种人最喜欢怨天尤人，常抱怨中小城市的机会少。

巴菲特住在美国的奥马哈市，阿里巴巴的总部在杭州，万达起家于大连，福耀玻璃的总部在福州，老干妈在贵阳，中国有大量优秀企业都不是在大城市起步的。

我在上海和威海都有公司，平时两地跑，但多数时间喜欢待在威海，理由和巴菲特选择奥马哈市类似，因为威海空气好、不常堵车。我的合作机构、服务平台，遍布全国，而且很多都在北上广深这类一线城市。与我建立长期稳定合作关系的人，有的在伦敦，有的在东京，还有的在曼谷。

身处的地点并不影响我和我国顶尖的资源交流合作，信息技术让我的兼职团队可以分布在世界各地，互联网和发达的物流网络能让我的产品触达全国任何一座城市。

时间才是我最宝贵的资源，是我产生的价值基础。我为什么要去一线城市让挤地铁、堵车来浪费我的时间呢？

有句经典的话："优秀的人，到哪里都优秀。"换言之："处在食物链顶端的人，到哪里都处在食物链顶端。"所处城市无法决定一个人的生态位，他当前在做的事情才能。

资源不受时空限制

我曾在互联网上表达过上一节的观点，有人跳出来反对，说我不能根据自己的情况去研判所有人，不能鼓动大家逃离北上广，去小城市发展。大城市一定比小城市有更多机会和资源，这一点毋庸置疑，因为这是客观事实。

我的观点是"在小城市也可以有发展"，互联网上有些人说的是"小城市没有发展，没有未来，只有去大城市才是唯一正确的选择"。我从来没说过年轻人都应该去小城市发展，我也从来没鼓动任何人逃离北上广。

有一次我在一个社群分享"小城市同样可以有发展"的观点，有个群友表示我说得不对。这位群友说自己老家在偏远地区，父母务农，他目前在上海工作。他非常庆幸自己选择了在上海工作，没回老家，才有机会与身边这么多优秀的人才共事。如果自己回老家，怎么会有在上海这么高的薪酬，怎么能学到身边这些人的有价值的技能呢？

1. 资源不受时空限制

如果说只有人在上海，才有可能在物理环境中经常接触同样身处上海的高端人才，这一点毋庸置疑。除了人才外，很多资源也有类似的地域化属性，在相同城市，人们确实更有机会直接接触到这些资源。

但是，身处上海，难道就只跟上海当地的资源接触吗？难道就不能和北京、广州、深圳的资源接触了？难道就不能和纽约、伦敦、东京的资源接触了？

当然不是，身处上海也可以并且应该与北京、广州、深圳，乃至世界任何一个角落的有利资源接触。

一个人身在何地其实并不是关键，能运用自身的眼界、格局、能量，把有利于自己的资源连接起来才是关键。一项业务做得越大，市场越广，需求的资源越不会集中于一地。反过来，如果一开始就局限于一地，就很容易把自己的眼界和格局锁死。

资源是不受时空限制的，任何人在任何时间、任何地点，都可以设法连接有利于自己的资源。这早已不是技术上能不能实现的问题，而是思想上愿不愿意去做的问题。

2. 有些技能只在某个时空有价值

那些身处大城市，却只和自己身边的、眼前的资源接触的人，真的明白什么是有价值的技能吗？离开了平台，当前的技能还适用吗？能支撑自己未来 30 年职业生涯或事业发展的需要吗？

在我小时候，家里人都觉得在银行做柜员是非常体面的好工作，觉得在高速收费窗口工作也是稳定舒适的好工作。但如果加上时间维度，一直在这两个岗位上工作所掌握的技能可以支撑我们未来发展的需求吗？这个问题很少有人思考，因为人们总喜欢盯着眼前的一亩三分地。

判断当前的技能有没有价值，一定不要局限于当前的时空，要思考当前的技能在未来 10 年、20 年、30 年会不会过时，要思考在 A 领域、B 领域、C 领域会不会过时，或者思考在 A 城市、B 城市、C 城市会不会过时。

很多企业的生命周期也就三五年，行业的生命周期也呈现出越来越短的趋势。很多人一生大概会换几家企业，换几种岗位，甚至换几个城市工作。

有些技能只在某个时空有价值。真正有价值的技能，是在任何时间、任何地点都适用的技能，例如沟通协调能力、语言表达能力、文字表达能力、逻辑推理能力、分析判断能力等。在过去几千年的历史中，这些技能从来没有过时，在未来很长一段时间，这些技能同样有价值。掌握这些真正有价值的技能，才能不受时间和空间的限制。

3. 身处偏远地区和务农不代表没前途

李子柒身处偏远地区，平时的主要工作就是务农和拍视频，难道李子柒没有前途？李子柒如果没有前途，为什么能吸引资本入局？为什么能收获全球粉丝？为什么能收获数以亿计的粉丝量？

李子柒也许离很多人比较遥远，我说个我身边的例子。我的老家在山东省海阳市，是隶属烟台市的县级市。我表妹的同学李强本科毕业后没有选择留在一线城市，而是回到老家海阳市。李强的父母是务农的，主要种植白黄瓜。

白黄瓜是一种海阳市特有的黄瓜品种，清甜爽口，皮薄多汁，淡雅清新，吃过的人都说好，喜欢吃黄瓜的人会特别喜欢。但白黄瓜是个小品类，属于蔬果品类中的垂直领域，绝大多数农户都在周边地区自产自销。

李强回海阳的目的，是想通过电商把白黄瓜卖向全国。开始的时候，他通过微信电商销售，在全国各地招代理，他负责保证货源和品质，代理负责销售。形成一定规模后，他又在淘宝、京东和拼多多上分别开店。

在我和他的一次交流中，李强说他平时一天的发货金额大约在 2 万元左右，过年过节时发货量能翻 2 ～ 3 倍。李强说他并不是海阳第 1 个做白黄瓜电商生意的，规模也不是当地最大的。但他的收入已经远超在一线城市工作的同学，而且他在持续锻炼一项核心能力——在商业世界中生存的能力。这项能力，他的在一线城市工作的同学也许在短时间内很难习得。

很多人所谓的“北上广的机会、资源更多”，实际意思是在北上广比较容易寻得一份相对高薪、相对安稳的工作。如果这就是某人一生的全部目标，也无可厚非，但他不能因为他的选择，就说待在小城市没有希望。那些因为待在小城市就自暴自弃的人，待在哪里都没有希望。

生存方式可以选择

环境会对人造成影响，但如果有人说“我就是因为周围环境不好，所以……”，过分强调环境对自己的影响，通常是在找借口。当一个人发现周围环境会对自己产生负面影响的时候，说明他已经意识到问题的存在了。既然已经意识到问题的存在了，为什么不想办法避开呢？

请大家先思考一个问题：如果你身处一个酒文化氛围浓郁的环境，你原本滴酒不沾，也不喜欢喝酒，这时别人向你敬酒，你要不要喝？喝了，你就要跟着全桌人的进度一起喝到底。不喝，这也许会影响你今后的工作。

以我为例。我分别在山东两家大型上市公司工作过，合作伙伴迎宾好客的习性让我这个做人力资源管理工作的人在晚上也经常有聚会活动，而我不仅经常参与活动，还经常组织活动。

在这种环境氛围之下，上级敬我酒，我是不是要喝呢？

我的选择是不喝。不仅不喝，我还不找借口，不编理由，就照直说：“对不起，我不喝酒，以茶代酒表示谢意。”

我的举动是不是很傻？是不是太不把上级放在眼里了？还想发展吗？曾经还有同事为此语重心长地劝我，说你这样可不行啊，该喝的时候就得喝。

事实证明，我这么做是可行的，我这种人的心思都在怎么做事上，不仅不喝酒，而且平时对上级也不会阿谀奉承、溜须拍马。我做事的原则是把上级交代的事一件件办妥当。

长期坚持一贯的做事风格，我活出了自己的态度，在这种生态环境中明确了自己的定位——我是做事的，想把事情做好可以找我，想喝酒找别人。我的劲儿不会使在酒桌上，而是用在工作中。这个定位，也表明了我的生态位。

反差会带来惊喜，我在工作中的表现本就可圈可点，上级留意我，反而会发现我的更多优点。就像在选秀节目中，一些其貌不扬的人张口唱歌震惊四座。在有同样唱功的前提之下，外表光鲜靓丽的人反而没那么令人震撼。

我们不是在任何情况下都要屈从于环境，不要总抱怨环境，也不要把自己的错误全归咎到环境上。总有方法可以让我们在环境中保持个性，找到适合自己的生存方式，发现属于自己的生态位。同时，每个人都有能力活出自己的精彩。

后发法则：如何选择商业模式

后发法则：不论是创业、发展副业赚钱，还是期望通过自媒体赚钱，当不知道该选择什么样的商业模式，不知道该做什么的时候，最好的选择是找到所在领域的成功者，跟着成功者的步伐，学习和借鉴成功者的模式。

理想主义是陷阱

曾有个朋友找我做咨询，她出生于中医世家，做了几年医生后，和同为中医的父亲一起创业开了家中医馆，选址在当地最繁华的商业街，专治不孕不育。中医馆开了几年后，因为收入过少，成本过高，入不敷出，他们关店歇业了。

经过一段时间的调整之后，她又开始创业，定位和原来一样，依然开中医馆，依然专治不孕不育，只不过这次她把中医馆开在了租金比较低的地方，但前来看病的患者依然较少。为了增加流量，她开了一家天猫店，并将在网上购物的部分用户转化为网诊服务对象，可这依然没有很好地解决问题。

我问她："全国有没有专治不孕不育的中医馆，做得比较成功的？"

她说："没有。"

我惊讶地问她："那你为什么要选择中医馆和专治不孕不育这个组合呢？会不会是这个领域本身的市场空间太小，不足以支撑你的经营呢？"

她说："应该是这个原因，中医馆和专治妇科病这个组合应该会更好一些。"

我问她："那你为什么不选这个领域呢？"

她说："很多治妇科病的医院的营销方法和运营模式我无法认同，我不想做成那种样子。我是个医生，有自己的理想，不想太商业化。"

我说："你的愿望很好，如果你是在某个医院当医生，这么想没有任何问题。可你现在处于创业状态，要保证医院能正常运转起来。

她沉默了一会，说："好像确实是这样。"

这个咨询我的朋友有些理想主义，她对事业和未来有自己的规划，然而这个规划完全是她自己想象出来的，很难落实。理想主义有时候是好事，可以让人拥有梦想，但有时候也是坏事，容易让人陷入"不切实际"或"想当然"之中。

她认为按自己的逻辑能把生意做起来，但市场怎么可能去迎合某个人的想法？从古至今能在市场上赚到钱的人，都是那些顺应市场规律、懂得迎合市场诉求的人。那些成功的治妇科病的医院的定位与做法，不论外人站在个人角度看多不喜欢，也一定是符合市场规律、迎合市场诉求的。

她要做的，是先冲破自己的思想局限，站在更高维度，不带任何主观色彩地去看当下的状况，判断自己到底应该做什么。

其实，如果不知道自己该怎么做，那就找一个或几个自己未来想成为的成功者作为标杆。研究这个人或这些人的定位和做法，结合自身情况设计自己的路线和做法，也是正确的策略。千万不要想当然，不要过于理想主义。

答案在成功者那儿

我有超过 10 年的连锁零售行业的高管工作经验，曾在两家大型公司上过班，一家是有超过 100 年历史的世界第三大零售公司；另一家是综合排第 10 的大型 A 股上市公司。

这 2 家公司的成功经验告诉我，若某人开第 1 家店比较成功，他要想第 2 家店也成功的最好办法，是学习和复制第 1 家店的模式。这是世界上所有连锁零售行业在跨地区、跨国界开店的情况下，还能保证盈利、基业长青的秘诀。

但如果某人还没开过店，而又想开店，他要如何做才能最大限度地成功呢？最好的办法是学习那些已经成功的同类店的做法。先搞清那些成功的同类店是怎么做的，参考模仿，照着做，再视情况迭代升级。

我有个朋友开了一家店，但生意不好，问我该怎么办。

我问她："同城的同类店中，做得最好的那个店你有没有研究过？那家店为什么做得好？你为什么不对标那家店做？"

她说："因为那家店在当地有资源，所以能成功。我没有，所以没有对标它。"

我又问她："那家店是不是连锁的？是的话，那家店在别的城市的经营效果怎么样？"

她说："是连锁的，在好几个城市都挺成功的。"

我问："那这家店在别的城市也是因为有资源才成功的吗？"

她说："不知道，不过应该不太可能在每个城市都拥有资源。"

我说："那看来资源也许并不是开这类店成功的决定性要素，你有没有研究过这家店是怎么选址的？是怎么做商圈分析的？怎么做顾客分析的？怎么获客的？怎么做产品管理的？怎么设计定价策略的？怎么做服务管理的？"

她说："从来没研究过，也从来没想过这些问题。"

我说：“那看来问题在你，你只知道别人是成功的，只看到别人成功的片面因素，却没有仔细研究别人是如何成功的。”

成功者能把某件事做成，一个人如果能把成功者做成这件事的方法论提炼出来，往往对自己做成这件事有巨大帮助。当成功者能连续把某件事做成时，他的做成这件事的方法论一定是非常宝贵的，一定是值得学习的。

我国餐饮连锁行业中有这样一种现象，老板基于某项配方或技术，开发出某种餐饮品类，创立起某个连锁餐饮品牌。不久后，跟着老板创业的高管离职，做了一个和这个老板开发的餐饮品类极为相似的餐饮品类：口味相似，装饰相似，定位相似，连店名都极为相似。

很多人以为配方、技术或产品是这个餐饮品类成功的关键，实际上不是。配方、技术和产品都可以模仿，但餐饮店能不能开成功，与选址、定价、管理、服务等一系列运营模式相关。之所以餐饮连锁企业的高管能自己开店成功，是因为其掌握了这套运营模式，此时他就算没有掌握产品的配方和技术，依然可以套用这种运营模式，实现盈利。

不论任何领域，答案都在成功者那里。不要只看到成功者表面的成功，要研究成功者背后的模式。

如何获得成功者背后的模式的信息呢？

（1）亲自向成功者请教。

（2）如果第 1 点无法执行，就找与成功者关系较近的人，例如其爱人、亲戚、合伙人、股东、朋友、员工，向他们请教。

（3）如果第 1 点和第 2 点都无法执行，就从商业逻辑上研究成功者的模式。

不论采用哪种方式，都要牢记一个关键词——“主动”。方法不会自己长腿跑过来，需要我们主动去寻找和发现。

天下没有新鲜事

任何在线上或新兴产业成立的商业模式，在线下或传统产业中都能找到其缩影。阿里巴巴和拼多多的平台型商业模式实际上就是线下大批发市场模式的变形；樊登读书会的金字塔商业模式实际上就是线下加盟店模式的变形；直播电商模式实际上就是电视购物模式的变形。

换句话说，只有在线下或传统产业中被验证成立的商业模式，在线上或新兴产业中才可能成立。创新一种世界上从来没有存在过的模式，或者在设计产品或服务时，加入一些不切实际的承诺，很容易失败。

有个出版社主要出版工具书，出版社的老板认为：要吸引读者购买，要服务好读者，留住回头客，就要想尽办法给读者提供一些增值服务。所以这家出版社针对每本书都建了一个 QQ 群，同时在书的封面附上 QQ 群号码，方便读者加群提问。

这看起来是个好方法，既能增加图书卖点，又能拉近读者和作者的距离，更好地位读者服务。结果呢？出版社的编辑不懂技术，只能以客服的身份出现，读者有问题，必须邀请作者答疑。

书刚出版的时候，作者有股新鲜劲，在群里答疑比较积极。但渐渐地，随着读者越来越多，提出问题的人也越来越多，作者早已应接不暇。况且，很多问题不是一两句话就能说清楚的，作者经常要耗费一两个小时去回答。

这种答疑如果次数较少，大多数作者应该可以接受，但一旦多起来，作者也受不了。卖出一本书作者可能只赚 4 元钱，但后续的答疑服务却要占用作者大量的时间。不超过 3 个月，这些群就“凉”了。即使有读者提问，作者也不再回答了。

作者不回答，读者就觉得吃亏，因为在买书的时候，书的封面上写着有问题可以得到答疑。作者回答了，他自己会觉得吃亏，因为获得的收益远远超出自己付出的时间成本。而且运营这些 QQ 群也需要付出管理成本，最后很多群都沦为了“广告群”。

这件事从一开始就注定会失败，为什么？

（1）读者对出版社是没有忠诚度的，或者说出版社对读者是否打算购买一本书的影响很小。读者的复购率与读者在这家出版社得到的服务关系不大。

（2）作者不愿服务，这是必然的，因为收益太少，时间成本太高。这种赔钱的事天底下没有任何一个人愿意做。除非后续有高毛利的产品转化，例如读者付费参与一对一咨询服务、线上课、线下课等，作者才愿意积极回答问题。

出版这个行业已经存在了这么久，成功的出版社偶尔会组织读者见面会、新书签售会、作者讲座会等，为什么之前都没有推出过在 QQ 群中答疑这类服务？是因为这件事从逻辑上看，从财务上看，从人性上看，都是行不通的！

类似情况还出现在线上课领域。我曾经合作的一家线上课机构，为了增加销量，丰富用户体验，在没有经过我同意的情况下，擅自增加了每周答疑的环节，开课售卖后要求我每周在固定时间抽出 1 小时给用户答疑，持续 10 周。

这等于平白无故增加了我 10 小时的时间成本，而且人力资源管理类的答疑并不像别人想得那么容易，不是别人提出问题，我再根据问题回答那么简单。泛泛地回答解决不了实际问题，精准地回答又需要大量时间。

实务中的人力资源管理不是“1+1=2”，不是非黑即白。每个企业的背景不一样，文化不一样，规则不一样，当某人问“如何做好绩效管理”时，绝不是简单几句话就能说清楚的，甚至也不是几小时能说清楚的。

不然的话，为什么有管理咨询行业呢？管理咨询行业是做什么的？就是帮企业解决这些实际问题的。管理咨询行业是怎么帮企业解决这些问题的？是通过做项目，在过程中花大量时间来调研、沟通、建模、验证。

相反的，一些做线上课做得比较成熟的平台，或者平台中有在传统培训行业经验丰富的“操盘手”，就不会做这样的产品服务设计。

成功者不做一件情，不一定是因为成功者不会做，可能是因为成功者已经做过，但发现不可行；也可能是因为成功者思考过，认为做这件事在逻辑上不可行；还可能是因为做这件从一开始就违背经济规律，在财务上做不到。

总之，一个人要想成功地做一件事，应在能力范围内先考虑模仿，再考虑创新，可以微调，但不要一上来就想颠覆。

聚集法则：如何选择定位

聚集法则：当不知道如何定位，不知道该进入哪个领域时，可以考虑选择从业者比较密集、竞争对手比较多的领域。因为，竞争激烈通常代表这一领域的市场空间比较大。进入这个领域后，我们不用为没有市场或商业模式不通而发愁，可以把主要精力放在如何提升竞争力上。

小的不一定美但一定小

我刚开始在互联网上写作时，发现了某知识分享（后文统称 × 平台）平台。那是微信公众号最火爆的时期，但在“粉丝”基数较少时，微信公众号需要靠转发来获取“粉丝”和流量。我那时候虽然知道运营微信公众号是方向，但不懂如何“涨粉”，不懂运营。

有人告诉我 × 平台小而美，我一开始也是这么认为的。× 平台有首页推荐机制，只要内容好，被推荐，就有固定的流量入口，而且竞争小。当时我觉得这个平台适合新手，所以选择在上面输出内容。

一开始，我在 × 平台上写人力资源管理类的内容，发现根本没人看，也不会得到推荐。后来，我转而写职场方向的内容，情况好了很多，“粉丝”渐渐多了起来，但问题也随之而来。

1. 内容受限

× 平台是封闭社群，文章能否上首页展示全凭推荐机制。大平台推荐内容是看数据，而 × 平台首页推荐权掌握在话题负责人手中。但这些人不是 × 平台的员工，他们自身也想做 IP。运动员兼职裁判员评判别的运动员，这就会产生派系之争、关系之争、主观判断等问题。

2. 无法变现

作者在平台输出内容，为的是什么？是为了展示自己？是为了出名？是为了增加“粉丝”量和互动数？这些只是表面，多数作者的最终目的，是为了赚钱。这个目的虽然很朴素，却也很真切，因为作者也要“吃饭”啊。

可 × 平台如何让平台上的作者赚钱呢？我们不能说 × 平台从来都没想过这个问题，但从结果来看，它做得很差。× 平台严禁打广告，严禁放外链，设置的各种规则都在完美地封堵着普通作者的变现方式。

我在 × 平台上输出内容时，根本不知道如何通过 × 平台赚钱。事实上，× 平台可能连自己的稳定的盈利模式都没想好。× 平台没站在作者的角度上考虑问题，没为作者着想。如果我在 × 平台输出了内容却注定徒劳无功，我有什么理由继续呢？

平台要长久存续的唯一方法，就是想办法让供方赚钱，而且要让供方赚大钱，再用赚到钱的供方来宣传自己，这样更多的供方才会源源不断地加入。淘宝早些年为什么能做起来？原因之一就是那时候淘宝经常宣传某某开淘宝店一年能赚几千万元。

阅文系有唐家三少等一众大 IP，微博有 Papi 酱等一众大 IP，微信公众号更是有十点读书会等一众大 IP。

不能站在作者的角度帮作者变现，是写作平台最大的问题。

3. 用户特质

× 平台的主要写作群体是文艺青年，主要受众群体是写作群体 + 社会自由人士，用户一半自产自销，另一半自娱自乐。

作者在 × 平台上看不到希望，愿意在 × 平台上输出内容的作者越来越少，× 平台上的优质内容就越来越少，它的用户也会越来越少，这又令作者看不到希望，……由此形成一个恶性循环。

所以，小的不一定美，但一定小。

那么，如何选择起步的平台呢？至少要考虑 3 点。

（1）平台要有大流量，最好背后有“大资本”支持。

（2）平台本身要有稳定的盈利模式，而且近些年持续盈利。

（3）平台上的输出者要有明确的变现模式，如果平台愿意帮助输出者变现更佳。

竞争大的地方藏着机会

曾经有个朋友（代号 A）找我咨询定位问题。她的爱好是读书，曾在互联网公司做过几年运营，是位母亲。她有好多领域可以选，包括读书、运营、育儿、新媒体等。

我和她聊了一会儿，发现她确实喜欢读书领域，在读书领域已经小有成就，不仅独创了自己的读书方法，而且用这套方法出版了图书。她在其他几个领域的从业时间不长，优势并不明显，所以我建议她选择读书领域。

她将定位聚焦在读书领域后，开始制作读书方法论的线上课。她的线上课程被千聊公司选中，登上了千聊的首页，播放量一举超过 50 万次，她由此获得了比较高和比较大的认知度和影响力。

后来，A 的朋友（代号 B）找我到，说她非常喜欢读书，也想做读书领域，并想打造个人品牌。她看到 A 的线上课比较成功，便咨询我怎么设计读书领域的线上课。B 说完了她关于做线上课的疑惑后，又介绍自己有 10 年少儿英语教育的工作经验。

我没有回答她怎么做读书领域的线上课，而是问她："你为什么不做少儿英语教育领域呢？这个领域对你来说更合适啊？"

她说："因为少儿英语教育领域竞争太激烈了。"

我说："你不能因为竞争激烈就放弃这个最适合自己的领域。如果竞争激烈，你可以解决自己竞争力不足的问题。竞争力不足的问题可以通过合并最小同类项的方式解决，可以通过增加势能的方式解决，也可以通过资源整合的方式解决。"

我为什么推荐她选择这个领域？

1. 经验丰富

她有 10 年少儿英语教育的工作经验，做过讲师、做过会销、做过运营、做过服务，了解少儿英语教育的整个运营模式和产品交付模式。

她对这个行业有比较深刻的理解，比别人拥有更多的经验优势。

2. 市场空间

少儿英语教育领域虽然竞争激烈，但竞争大也代表着市场空间大。再穷不能穷教育，多数家长都不会忽视孩子的教育，少儿英语教育领域是个近乎刚需的领域。随着我国经济的发展，国民生活水平的提高，少儿英语教育的市场空间一定会越来越大。

3. 模式成型

无论是线上还是线下的少儿英语教育，其商业模式都基本成型，有不少成功的个人 IP 和连锁机构可以学习，有大量可参考、可复制的成功案例和优秀做法。成功案例越多的领域，越是好的领域。

4. 品牌关联

B 做少儿英语教育领域不仅可以打造个人品牌，而且可以打造方法论品牌。

5. 事业关联

我后来得知，B 的爱人已经加盟了一家少儿英语单词学习的线下连锁品牌，还有再开一家少儿英语线下学习机构的打算。B 聚焦在少儿英语教育领域，和爱人的事业能相互关联。而且个人品牌 + 方法论品牌这种模式一旦形成，她还可以发展招商加盟模式，让别人加盟她。

她听完我的理由后豁然开朗，毅然决定选择少儿英语教育领域。

不要害怕竞争，不要因为某个领域竞争大就放弃那个领域。某个领域竞争大代表其市场空间大，那些竞争小的领域在多数情况下并不代表机会大，而是代表市场空间小。竞争力不足的问题比市场空间小的问题更容易解决，最怕的是某个领域没几个人做，也没几个顾客。

谁都适合等于谁都不适合

之前我在简书上写职场主题能“博得眼球”，这让我进入了一个误区，以为“职场达人”这个定位是好的。职场达人是个好定位吗？对已经成型的大 IP 来说，也许是；对新手来说，不是。

（1）职场看起来有几亿潜在受众，但过于宏观，没落实到具体需求上，而且存在不少“假需求”，比方如何求职看似有巨大市场，实际上商业价值有限。

（2）门槛低。任何一个有几年工作经验，期望通过互联网获得势能的人都可以贴上职场标签，结果导致职场领域内鱼龙混杂。

（3）说不清楚能解决什么问题。“职场达人”“职场导师”这类标签能解决什么问题？能解决所有职场疑惑吗？定位有些虚无缥缈。

世界上没有任何一款成功产品的用户定位是模糊的。同理，个人 IP 的品牌或产品也要有用户的应用场景。

谁都适合等于谁都不适合；谁都可以买等于谁都可能不会买。以我为例，我必须聚焦用户群体，思考用户应用场景，根据自己的情况找到适合自己的定位。

思来想去，没有比人力资源管理更适合我的定位了，为什么？原因可从以下 3 个方面分析。

（1）刚需。HR 不会做事怎么办？要学习。企业有人力资源管理问题要解决怎么办？要学习。老板不具备人力资源管理理念怎么办？要学习。这些学习需求都是刚需。

（2）To B（面向企业用户）。人力资源管理是与经济发展关联比较密切的领域，B 端有人力资源管理知识服务方面的需求。B 端有持续需求的领域一定是常青树。

（3）蓝海。经营管理领域是红海，已经有很多“大咖”，而人力资源管理领域那时候还是一片蓝海，当然如今也成了红海。

我做人力资源管理领域有以下优势。

（1）我凭着“拼命三郎”的工作态度在这个领域做了十几年。

（2）我从世界前 50 强企业的百年管理智慧中学到了体系化的知识。

（3）我从年薪千万的导师那里学到了很多企业经营方法。

（4）我从一流咨询公司那里获得了世界上最前沿的方法论。

（5）我为市值百亿的 A 股上市公司从 0 到 1 搭建了人力资源管理体系。

（6）我跟着一流咨询团队帮一家公司成功上市。

（7）我有创业经验，我的方法接地气儿，老板和 HR 都喜欢。

有这么好的条件，我刚开始当然应该聚焦于自己的老本行。

对知识型 IP 来说，有个比较简单快速的寻找定位的方法：看图书类目销量。图书是最传统的知识付费产品，人们的知识需求量越大，图书越好卖。所以在定位时，那些存在大畅销书的垂直领域一般都值得考虑。

Chapter 3

第3章 竞争取胜

不论是在职场发展、创业或是发展副业，伴随个体成长的竞争是无处不在的。竞争不是坏事，某个领域竞争大反而说明其市场空间大。商业世界是优胜劣汰的，既然有竞争，我们就必须思考如何在竞争中取胜。

错位法则：如何在夹缝中获取竞争力

错位法则：要想在竞争异常激烈的成熟市场中崛起，就要学会错位竞争。所谓错位竞争，指的是当人们新进入某领域时，不要直接参与到这个领域的肉眼可见的白热化竞争中，应避开主要矛盾，避开同质化，通过发挥自身的独特优势另辟蹊径，让自己在不同维度上参与竞争，改变竞争格局，从而让自己获得竞争优势。

竞争不是擂台比武

上大学时，我和两个同学一起开奶茶店，他们出钱，我负责运营管理，收入 3 人平分。那时奶茶刚兴起，毛利高，我们学校位置偏，学生想喝奶茶只能到繁华的步行街。在看准市场后，因为门槛低，起步快，我们开了学校周围的第 1 家奶茶店，生意异常火爆。很快，我们又开了两家店。

虽然我们眼光好，敢想敢干，一开始赚到了，但竞争对手很快出现。不到半年，学校周围的奶茶店已经有十几家，这就让我不得不思考竞争力的问题。都是奶茶，如何让学生买我们的？这是我人生第 1 次真正面临商业困境，也无师自通了经营管理学问。

在这种情况下，我该如何打破困境，获取竞争力呢？

1. 做市场分析

我发现继续开店很难盈利，如果竞争对手再增加，继续瓜分市场，我们必然亏损。其实不只我们店，学校周围的整个奶茶市场都是如此。这就是市场被发掘，竞争者涌入带来充分竞争的必然结果。

2. 换竞争策略

因为有前期积累，直接放弃难免可惜。我发现在学生群体的奶茶消费场景中，他们对价格是最敏感的。当时，学校周边市场的奶茶定价为 6 ～ 12 元 / 杯，这已是几轮博弈下来各店咬着牙降价后的价格了。有没有可能把价格压到 5 元 / 杯呢？

3. 转思考方式

压低价格的条件是降低成本。我算过，如果继续开店，就算不雇外人，定价 5 元 / 杯也接近赔钱。这个问题看似无解，但如果换个思路，有没有可能不开店，还卖奶茶呢？团购吗？外卖吗？不，那个年代还没有呢。但我做了一件类似的事。

4. 变经营模式

我把 3 家店全撤了，租了个便宜的单间，集中放置设备，把单间变成一个加工车间，生产成品奶茶，而且只生产最热卖的 3 种单品，增大规模效应，减少成本。

我和学校所有超市谈合作，以 4 元 / 杯的价格供货，统一卖 5 元 / 杯，先货后款，卖了结账。因为和学校几个超市的老板比较熟，我提供的条件又很诱人，我也是学校第一家供应低温成品奶茶的，我与几个超市的老板很快达成了合作。

我虽然关了 3 家店，生意却比原来更好了。毛利率虽然不如开店时高，但我抓住了终端，有了规模效应，有了价格优势，销量比以前更高了，算下来更赚钱，而且这种经营模式的管理成本更低，比开店时省心多了。

商业世界的法则是互通的，小生意做不好，大生意一定做不好；不懂怎样在经营小买卖中取胜，也一定经营不好个人 IP。

竞争不是擂台比武，不是非要硬碰硬地决出谁比谁强。换种方式，错位竞争，便能豁然开朗。

机会藏在细分领域

流行音乐圈一直是个竞争异常激烈的成熟市场，也是红海市场。假如你是个原创歌手，在没有大牌经纪公司包装、没有雄厚资金的宣传支持等情况下，你要怎么做，才能让自己拥有顶级歌手的影响力?

在我现在住的城市，机场与城区间没有地铁，多数人去机场会选择 3 类出行方式，一类是乘坐大巴车，一类是自己开车，还有一类是叫出租车或用打车软件叫车。我比较喜欢用打车软件叫车，因为价格公道，而且司机师傅可以将我接送到家门口，方便快捷。

出于工作原因，我频繁往返机场，时间久了，我也见识了形形色色的司机师傅。渐渐地，这些司机师傅在开车过程中听的音乐引起了我的注意。我是听流行音乐长大的，自认为主流音乐我都听过，欧美主流歌手和乐队也知道不少。可在往返机场的一个半小时的单程中，有些司机师傅听的歌我在之前竟几乎没听过。

若是个例，我不会在意，毕竟每个人喜好不同。有意思的是，大多数司机师傅听的歌我都没听过，而且这些音乐具备高度相似性。出于好奇，我开始偷偷观察他们听的这些歌都是谁唱的。结果发现这样一些名字，杨小壮、刘大壮、子尧、半吨兄弟……

有一次，我向司机师傅请教这些歌手和这些歌的来历。司机师傅见我不知道，反而很诧异，问我是不是从来不听歌，怎么会连这些歌都没听过。我当时内心是崩溃的，开始怀疑自己是不是错过了什么。虽然我年纪大了，但放松时也经常听最新的流行音乐，可确实没听过这些歌。

司机师傅说这些歌都出自 QQ 音乐排行榜。奇怪了！我也经常听 QQ 音乐排行榜上的歌啊，我怎么从来没听过这些歌呢?

后来有一天，我仔细观察了 QQ 音乐排行榜。原来在 QQ 音乐排行榜中有个“特色榜”，其中有个“网络歌曲榜”——当天显示的播放量是 990 万次。我点击进去听，发现里面的歌基本上都是司机师傅们听的歌。

自此，我对网络音乐有了新的认识。不论一个领域发展得多么成熟，竞争多么激烈，我们也总能在其中找到机会。这里的机会不仅来自增量，也来自存量。

找不到机会，很可能是因为我们都在盯着主流，盯着那些竞争已经白热化的环节。不要想当然地小看任何一个领域，很多被人忽略的细分领域中，都可能蕴藏着巨大的机会。在竞争已经白热化，甚至少量“头部赢家”通吃的市场中，我们依然可以找到机会。

回到一开始的问题，原创歌手除了可以通过发展网络音乐崛起外，还可以借助很多错位竞争的方法收获影响力。例如在 2020 年的综艺节目《脱口秀大会第三季》上，资历尚浅的王勉以音乐脱口秀的独特形式最终获得冠军。

很多参与比赛的脱口秀演员说：“王勉不是在和他们比赛，而是和自己比赛。王勉只要正常发挥，讲传统脱口秀的选手谁也比不过他。”

王勉用音乐 + 脱口秀这种形式，不仅让自己获得了错位竞争优势，而且为自己创造了一片蓝海。

在不同维度求第一

竞争是多维的，某人在某个维度上已经做得很好，也许是因为他擅长这个维度，也许是他在这个维度上具备某种资源，也许是他在这个维度上已经有长时间的积累。后来者要取得竞争力，赢得竞争，最佳策略不是在这个维度上与“前辈”硬碰硬，而是错开这个维度，在新的维度上竞争。

例如在职场，老员工的经验足，做当前工作比较熟练，在这个维度上，新员工很难在短时间内比得过老员工。这就是为什么虽然很多企业不讲论资排辈，谁有能力谁上，但新员工依然很难胜过老员工的原因。

这是不是代表新员工完全没有机会呢？当然不是。新员工除了要向有能力和经验上的老员工学习，不断提升外，没有必要在这些维度上和老员工硬碰硬，而应在不同维度上寻找竞争力。

1. 工作热情

一些老员工普遍在工作上缺乏激情，而新员工刚到新的环境，感觉一切都是新鲜的，愿意探索未知，充满着对成功的渴望，比较有激情，更愿意付出。新员工如果能保持住这份对工作的热情，不让这份热情随时间消退，就能在这一维度上优于老员工。

2. 差异技能

老员工熟练掌握的技能，通常是企业当前需要的，但有些企业在未来发展中需要的技能，老员工也没有掌握。在这些技能的掌握上，老员工和新员工的起点是一样的。新员工可以着重学习和发展这方面的技能，尤其是那些对企业未来的发展有决定意义的技能，更要优先学习。

3. 外部学习

一些老员工在对工作驾轻就熟后，学习、成长的意愿普遍减弱，在工作稳定后缺乏接受外部学习的主动性。新员工可以抓住外部学习的机会，例如深造的机会、考证的机会、培训的机会等，让自己的能力更多元，眼界更开阔，格局更大气。

我在进入管理领域时，也采用了错位竞争策略。我之所以选择在图书和线上课上做突破，正是因为在这个领域中，有的管理名师只做线下市场，在某个局部拥有很好和很强的口碑和影响力，有的管理名师只具备很强的线上势能。

如果你在世界 500 强企业做上了人力资源总监，有 15 年工作经验，你会如何打造个人 IP？有人觉得这个基础条件已经很好了，闭着眼都能成，但其实远远不够。

互联网给了每个人相同的机会，几乎人人都可以借助互联网打造个人 IP。但要在某个领域崛起，我们需要更强的竞争力。

用世界 500 强企业的人力资源总监这个头衔？粗略估算，我国拥有这个头衔的不下 3 万人，同样想打造个人 IP 的人不在少数。在这一方面，你的竞争力并不显著。

用 15 年工作经验吗？在管理领域，有 30 年以上经验的专家比比皆是，六七十岁还活跃在培训与咨询一线的管理名师大有人在。你怎么和这些人比？

有的讲师拥有在苹果、谷歌、华为、阿里巴巴、腾讯等知名企业担任高管的经验；有的讲师曾经担任过麦肯锡、罗兰·贝格、埃森哲、

IBM 等著名咨询公司的咨询顾问或者有知名企业的咨询项目经验。

怎么办呢？

我的策略是通过出书和做线上课与市场内成熟行业的名师形成差异，积累势能，打造竞争力。

（1）我已出版了 20 余本图书，出书数量是中国人力资源管理领域个人 IP 出书数量的 TOP1。

（2）我出版的图书，3 年总销量超过 30 万册，位居中国人力资源管理领域个人 IP 销量的前列。

（3）我的付费线上课的播放量超 100 万次，免费线上课的播放量超 500 万次，位居中国人力资源管理品类线上课销量的前列。

破局法则：走投无路时如何破局

破局法则：每个人都身处在某个局中，局中的人要遵循这个局的规则做事；在局中，当人们做某件事情走进了死胡同，不知道该怎么做时，跳出这件事所在的局，往往能进入一个更大的局；这就是破局，所谓不破不立，破局后，我们就能见到另一番局面。

正确的事 > 简单的事

我在大学开的奶茶店转型成功曾让我一度以为自己是经营天才，当我还沉浸在胜利的喜悦中时，市场却从未停下它发展的脚步。

我可以改变经营模式，别人也可以，我可以将奶茶定价为 4 元 / 杯给学校超市供货，A 可以定价为 3.8 元 / 杯，B 可以定价为 3.6 元 / 杯，C 可以定价为 3.4 元 / 杯，……这样发展下去，原来的问题又出现了。

我又陷入痛苦中，因为门槛低，这个市场很快会处于充分竞争状态，形成零和博弈格局。最后所有人都把价格压到最低，大家都不让步，都想赚钱，结果谁都赚不到钱。

商业困境再次出现，我必须进行更有深度的思考来破局。在更高维度反思后，我的思考是，一切始于低门槛的事，迟早会终于低门槛。如果我一直身处这个局中，便永远破不了局。

于是，我在竞争苗头出现，但竞争还没进入白热化时，把奶茶生意的所有生产资料和资源全打包转让了。当然我也想过走品牌化、连锁化道路，通过“烧钱”赢得竞争，但这显然不适合那时候的我。

多数人喜欢在做简单的事和做正确的事之间做决策，然后选择做简单的事。在商业世界，开始时做起来简单的事，做着做着会变得越来越难，因为所有人都可以简单地开始，但不久后大家就会发现周围全是竞争者，就像如今的线上课。

线上课的发展从 2016 年开始进入上升期，我在 2017 年年底开始做线上课，抓住了红利的尾巴，但远不算赶上了末班车。2018 年以前，线上课市场发展迅速；2018 年以后，线上课市场趋于平稳，但内容品类开始爆发了。

出现了什么局面呢？百花齐放，百家争鸣，但也泥沙俱下。为什么会这样？主要原因有两点。

1. 门槛低

制作线上课的门槛远低于制作出版物和线下课，似乎每个人都能被包装成名师。可如何解决专业性的问题呢？只要东拼西凑一些理论知识，编些好玩的段子，按照模板来填充内容，课程听起来也可以有模有样。

2. 不规范

制作线上课虽然有“套路”可以遵循，但根本没有行业规范和标准，瞎搞也可以是创新，肤浅也可以是精炼，跑题也可以是有趣。很多劣质课程将重心放在了课程包装和免费试听课上，课程内容一言难尽。

那么，线上课不值得做吗？

当然不是，不过做之前要想清楚、设计好。A 有着高势能的“大咖”身份，有音频课、视频课、直播课、线上训练营，还有自己的图书产品，而 B 只有干巴巴的一套线上课，怎么和 A 比？

做正确的事往往在开始时都不简单，甚至是很难的，但做着做着会变简单。因为难，别人不愿起步，不敢行动，就算开始了也很难坚持。不久后，竞争对手反而越来越少。做简单的事虽然在开始时简单，但做着做着会变难。因为简单，别人都能做，于是很快出现大规模的竞争，这时候再想自己有什么竞争优势，已经晚了。

别做简单的事，做正确的事。

难，不是坏事，而是好事。现在的每一分难，将来都会成为自己做成事后的竞争优势，成为门槛，成为壁垒，成为别人难以逾越的那堵墙。难，可以把问题分解；难，可以把战线拉长；难，不等于做不到。别把目光总放在难上，要多思考如何做到。

世界上没有哪座山比人高，世界上没有哪条路比脚长。

局内感知 > 局外观察

我在 31 岁时结婚，在 35 岁时孩子出生。在身边的朋友中，我结婚的时间算晚的了，孩子出生的时间也比较晚。我在 28 岁时认识了我的妻子，我们谈了 3 年恋爱。与“恐婚一族”和“丁克一族”一样，我也曾想过一辈子不结婚，一辈子不要孩子。

结婚前，我有些恐婚，恐婚的原因主要有两个。

（1）我家庭情况不好，也没攒下钱。我当时想，自己的未来都风雨飘摇呢，有什么资格成家？

（2）我比较喜欢独处，喜欢自由，结婚后我再也不能想去哪就去哪，不仅要考虑妻子，还要兼顾她的家人，生活有了约束。那样的生活会不会不适合我？

关于第 1 个问题，我的妻子是开明的，她说我们就算不结婚也没关系，如果想结婚就算没钱也没关系。

关于第 2 个问题，我反复思考了很久，想象过各种婚后生活不开心的场景，在脑中模拟过无数次婚后生活的痛苦画面。但想想我的妻子当时年纪也不小了，这么拖着是对她不负责。

结婚后，我没有觉得生活体验比婚前差。早晨上班前，我把她送到公交站点，晚上下班后，我接她一起回家，我们在路上聊一些生活琐事。那时，我们的物质生活条件挺差的，一周才舍得吃一顿好的。所谓好的，也就是一顿火锅，还要选那种低价火锅店，海底捞我们是吃不起的。但这种淡如水的生活并没给我带来一丝不适，反而让我觉得我们的小日子过得挺美好的。

婚后不久，家人、朋友、同事轮番上阵催我们生孩子。我当时觉得没有孩子挺好的，我和妻子可以过二人世界，想去哪就去哪，有了孩子必然会产生很多烦心事，养育孩子的过程很辛苦。

有次坐出租车，我和司机师傅聊天。

司机师傅问我："有孩子吗？"

我说："没有，也不想要。"

司机师傅说："那怎么行呢？你看我有两个孩子，老二刚两岁。我跟你说，有孩子以后可有意思啦。我做这个工作，每天回家以后都很累的，但见到孩子，听孩子喊我一声爸爸，一天的疲惫都消失了。"

我其实心里想"我要不要孩子关你什么事啊"，但见他说得那么投入，眼里仿佛能放出光芒，也不好意思打断他，只能默默地点头表示认同，听他一直讲他养育孩子的故事。

后来我连续几次坐动车，都遇到身边有小孩一会儿跑跳，一会儿哭闹，搞得我甚是心烦。我见这些家长对孩子也束手无策，心想这要有了孩子，以后生活得多难过啊。回来我跟妻子说："我可能真的不喜欢小孩，要不咱们做'丁克'吧？"

我妻子说她一切都听我的，只要我能顶得住来自我家里人的压力，同时年龄大了以后别后悔，她也就能顶得住来自她家里人的压力。

后来有次同学聚会，同学们都带着孩子，我见这些孩子都挺乖的，还有点可爱。我开始反思自己是不是过分想象了有孩子不好的一面，忽略了好的一面。而且这种不好，都是我想象的，真实情况会跟我想的一样吗？思来想去，最后决定还是要孩子吧。

孩子出生后，我和妻子都围着孩子转，冲奶粉、换尿布这些事儿倒没什么，最难忍的是晚上睡不好觉。和结婚不同的是，我曾经想象的关于有小孩后的那些烦心事真的出现了，因为我总要经历这些怎么也避不过去的阶段。

有意思的是，在白天累了一天，晚上经常起夜的生活节奏下，我在看到孩子朝自己笑的一瞬间，感觉心都融化了，一切疲惫在这一刻仿佛都消失了。这一刻我才体会到那个司机师傅的话的含义，原来这就是身为父母的乐趣。

除非入局，否则局外人永远无法体会局内人的感受。没结婚前，对婚后生活的一切想象，不论好的坏的，都是局外人的看法；没有孩子前，对有孩子后生活的一切想象，不论好的坏的，也是局外人的看法。

局外人很难理解局内人，就像我们看小孩子们玩一个很幼稚的游戏玩得很开心，会觉得不理解，心想有那么好玩吗？当自己亲身参与其中，全情投入，和孩子们一起玩的时候，又觉得很有意思，自己也玩得很开心。

身在局内时，人们会自然地用所有感受去感知局内的一切；身在局外时，就算再努力，人们也只能凭主观想象去揣测局内的情况。当我们想全然理解某个事物时怎么办呢？最好的办法是站在局内感知，而不是站在局外观察。

升维思考 > 躬身入局

当人们躬身入局，身在局中，挽起袖子做事时，很容易“不识庐山真面目”，忘了可以跳出这个局来思考问题。局内人的行为与自身的关系不大，与局中的规则关系很大。局内人如果不懂升维思考，很容易陷入局中无法自拔。

没有孩子的时候，很多家长说如果自己有了孩子，一定不要让孩子活得那么累，一定不要给孩子报那么多学习班。等有了孩子，孩子开始上幼儿园或小学，当家长第一次参加完家长会，发现周围的孩子琴棋书画样样精通，自己的孩子什么都不会时，家长的想法就变了，赶忙给孩子报各种学习班。

为什么很多家长在没有孩子的时候是一种想法，有了孩子之后又是另一种想法？因为人是善变的动物吗？不是，因为在没有孩子的时候，家长没有进入教育孩子这个局中；有了孩子以后，不论自己想不想，都会被拉入这个局中。

很多家长为了好的教育资源，背负上了巨大的经济压力，对孩子的学习期望变得格外高，无形中让孩子也背负上了巨大的学习压力。

孩子的学习压力 = 正常的学业压力 + 因家长投入大量精力期望高

回报而产生的压力。

让孩子过早体会这些压力，对孩子的成长是好事吗？

当家长们身在争夺教育资源的这个局中时，就很难跳出这个局，去看有没有更好的方法来解决升学问题。为此我有以下几点看法。

1. 升维思考，瞬间破局

让孩子上更好的学校的目的是什么？是为了让孩子获得优质的教育资源，从而提高学习质量，将来可以上更好的大学。

要达到这个目的，一定要买学区房吗？当然不一定！优质的教育资源可以通过多种方式获得。例如上靠谱的国际学校或私立学校，虽然学费较高，但高学费往往承载着高教育质量，取得的实际教育成果很可能更大，而且费用比买学区房更少。

2. 深入思考，更加透彻

继续往下思考，我们会想得更透彻。获得高学习质量、上更好的大学的目的是什么？是为了将来获得更好的工作机会、进入更优质的岗位。获得更好的工作机会、进入更优质的岗位的目的是什么？是为了过更好的生活、拥有更高质量的人生。

好了，回过头去看，过更好的生活、拥有更高质量的人生和买学区房真的那么相关吗？家长买了学区房，孩子将来就必然能过更好的生活、拥有更高质量的人生？家长不买学区房，孩子将来就必然过不上更好的生活？必然不会拥有更高质量的人生？

当然不是！深入思考后，我们会发现那些宁愿背负巨额债务，也要挤破头去买学区房的家长是欠考虑的。

躬身入局前，不要盲目遵循这个局表面的规则，而要先升维思考，因为在深入思考后，我们往往能发现问题，从而做出正确的抉择。

三段法则：如何有效解决问题

三段法则：能解决问题的、有建设性的意见都是带方案的，大致遵从说明问题、分析问题和给出方案的三段论逻辑，其中给出方案是最重要的。任何只提问题和缺陷，不满足三段法则，不提解决方案的意见都是低价值的。如果有人只说某事物不好，却又说不出如何做会变好，就不能有效解决问题。

反成功学和成功学一样没用

成功学面向的群体，大都是那些经历着迷茫、感情脆弱、需要希望的社会角色（此时的他们比任何时候都需要关怀和爱）。而这类人失落、迷茫和脆弱一定不是毫无缘由的，通常是因为他们在工作或生活中遇到了问题。

当一个人遇到问题时，需要的是保持冷静与理性，他需要有解决方案才能直面问题和解决问题。而成功学的目的不在于直接解决问题，而在于让人觉得这些问题不再是问题，或者让人换个角度来看待问题，从而使人将负能量转换为正能量。

随着成功学的发展，逐渐出现了一个新的流派，这个流派和成功学刚好相反，是反成功学。顾名思义，反成功学是专门反对成功学的。

推崇反成功学的人每天对着各类成功学的观点挑毛病、抠字眼，帮助普罗大众发现成功学的无效，期望把人们从成功学营造的幻梦中唤醒。

如果说成功学没有价值，那么反成功学有价值吗？其实一样没有价值，甚至比成功学更没有价值。

为什么这么说呢？

成功学之所以被很多人接受，是因为成功学能给人带来动力。那些听成功学的人不一定真傻到无法分辨这是成功学，也许只是想从成功学中摄取自己需要的精神力量。

那些反成功学的人，无非是说成功学让人盲目相信自己会成功，而实际上人并没有那么容易成功。但相应的，他们说成功学不好，那他们提供的解决方案在哪里呢？

任何事物都有两面性，看问题要全面。成功学不是只有负面作用，也有正面作用。成功学的正面作用在于能给一些人带来力量，带来希望。

如果按照反成功学的说法，告诉人们“龙生龙，凤生凤，老鼠的孩子会打洞”，告诉人们“社会阶层已经固化，出生决定了一切，绝大多数人怎么努力也不能改变自己所处的阶层”，告诉人们“根据客观数据，95% 的创业者都会失败，只有 5% 的创业者能成功，互联网上只有 2%

的人能赚钱”。每天都把这些话挂在嘴边，这个世界会更好吗？

如果我只有听成功学和听反成功学两种选择，我宁愿多听一点成功学，也不要听反成功学，因为至少成功学传播的是正能量。

我之前看过一篇反成功学的文章，作者先在文章中讲了一个故事。

富翁来到海边度假，遇到了渔夫。

富翁说：“我已经很有钱了，我愿意告诉你如何成为有钱人的方法。”

渔夫说：“说来听听。”

富翁说：“你这样钓鱼太慢了，你要弄条船，没有钱的话就借钱，要出海打鱼，赚了钱之后再雇些帮手，把捕鱼量提上去，增加利润。”

渔夫问：“然后呢？”

富翁说：“之后你可以换更大的船，雇更多的人，捕捞越来越多的鱼，赚更多钱。”

渔夫问：“然后呢？”

富翁说：“可以建公司，做投资。”

渔夫问：“再然后呢？”

富翁说：“如果能让公司上市，你就实现财务自由了。”

渔夫问：“实现财务自由之后呢？”

富翁说：“你就可以像我一样到海边度假，晒晒太阳，钓钓鱼，享受生活了！”

渔夫说：“哦，那不正是我在做的吗？”

原来很多时候人们追求的，正是现在拥有的，只是自己浑然不觉而已。所以，文章得出的结论是，何必苦苦追求功名利禄？成功有什么用？

实际上，这只是站在渔夫的角度来看问题。如果站在富翁的角度，又会是另外一番景象。对富翁来说，他实现了财务自由。但渔夫真的有富翁有的那种自由吗？显然没有！渔人没有足够的财力支持自己选择和尝试做没有做过、又感兴趣的事情。

为什么那些反成功学人士推崇这个故事呢？

成功学中的励志故事会让人情绪激昂，产生爽感。但这类反成功学故事也能让人产生爽感，因为故事中的富翁隐喻了那些讲成功学的人，渔夫隐喻了当代社会中的大部分人。

社会中的大多数人为了生计，不得不朝九晚五式地每天在工作岗位上工作。这个事实显然不是这些人愿意看到的，他们也不愿接受。大部分人显然也不愿意为改变这个事实而思考办法、付出努力。因为那太“难”了，需要有一定的魄力和勇气，需要花费大量的时间和精力，需要具备多于常人的毅力。

相比之下，每天晚上回家打打游戏、看看电影、刷刷新闻是“容易”的。这时候，冒出来这样一个故事，多让人舒心！原来那些站在社会顶层的人，努力到最后也不过跟我一样。所以我还努力什么？还追求什么？最后还不都一样？

所以这个故事最终不仅没有给出任何解决方案，没有解决任何问题，还给很多人提供了不行动的借口，使人们逻辑错乱，放弃追求。这种反成功学隐藏着一个多么可怕和消极的世界观！

失败者是从不想解决方案的

我们常把能做成事的人称为成功者，把不能做成事的人称为失败者。我发现一个有趣的现象，成功者各有各的成功，失败者却大同小异。失败者的语言模式有着惊人的相似之处，而且总喜欢把话说得很成功。

失败者最常说的话之一，是“张三不过是因为 X，才做成了 Y”。例如，张三不过是因为更懂得如何讨好领导，才坐上了经理位置。这类人通过对别人的成功进行负面归因，能让自己更容易接受技不如人的事实。

为什么失败者自己不去做 X，而要尖酸刻薄地嫉妒别人的 Y 呢？因为失败者经常认为那个 X 是大环境、是运气、是资源、是后门、是作弊……总之都是自己没赶上或不屑做的。这话说得多成功，动动嘴皮而已，反正自己的失败不怪自己。

我以前工作的上市公司，每年都会对员工进行年终绩效测评，把员工分为 ABCD 4 种等级，A 是最优，D 是最差。被评为 D 的员工，公司通常会考虑将其调岗或汰换。培训师小贾已经连续两年被评为 D，当我找他做绩效面谈时，他的想法让我震惊。

当我跟他谈起绩效测评结果时，他认为自己讲课讲得很好，学员的反应很不错，自己没有问题，测评结果只是个参考值，我不应该采纳，也不应该太认真。

当我跟他谈起他授课的学员对他的满意度偏低时，他说这个满意度也存在着学员乱评的情况，不可以全信，因为他在课堂上与学员的互动效果实际上非常好。

当我跟他谈起培训师应有的岗位胜任能力与他现有能力的匹配问题时，他说他只有在课程开发、人际沟通、培训评估这 3 项上存在缺陷，他将精力都放在怎么做好拓展游戏上了，他把拓展游戏做得很好。

小贾的思维逻辑是，他在另一个方面还比别人好呢，所以他当前的问题根本不算问题。因为没有问题，所以他不需要改变。因为不需要改变，所以许多年后，别人通过努力成为他想成为的那个人，而他还是他，依然是他，永远是他。

按照这个逻辑推导，小贾甚至可以推导出他比巴菲特强，可能仅仅因为他的厨艺比巴菲特好，他也可以推导出他比马云强，可能仅仅因为他的游泳技术比马云好。他可以比世界上任何一个人都强，仅需要他能在任意一个方面比别人强就够了。

在我曾经工作的那家上市公司，随处能看到一张海报，海报的标题是“成功者 VS 失败者”，海报的内容如下。

成功者是答案的一部分，失败者是问题的一部分。

成功者总会有办法，失败者总会有借口。

成功者总是说：“让我为你做这件事。”

失败者总是说：“那不是我的责任。”

成功者总是能看到问题的答案。

失败者总是看到答案中的问题。

成功者总是说：“问题也许很难，但有可能解决。”

失败者总是说：“这事情是有可能做成的，但太难了！”

这张海报的内容是我那个税后年薪千万的导师信奉的。他要求把这张海报挂在每一个干部的办公室、每一个会议室，以及每一个公共区域。

我刚开始不理解这张海报的内容的含义，随着成长，我也越来越信奉这段内容。和小贾谈到最后，我指了指墙上的海报，告诉他可以体会一下海报的内容。他看了一眼，笑了笑没有回应我，眼神中充满着不屑。

后来，我将小贾“请”出了团队。不久后他辞职了，听说他后来换了好多工作，职业发展非常不顺。

总结一下，成功者总是在为解决问题寻找方案，而失败者总是在找理由，总是在推卸责任，总是在逃避问题。

不直面问题真的很可怕

我的邻居家有个男孩，刚读高中，全班一共 60 人。他的考试成绩稳定排在全班第 50 名左右。有次过年放假期间，他母亲来找我寻求帮助。我说高中课程自己早已忘光，怕是辅导不了他。他母亲说：“没关系，不是想让你辅导他，我这个孩子不笨，你帮我开导开导他吧，他不听我们的话，但我觉得他很可能会听你的。”

假期时间还算充裕，我就答应了下来，当做个咨询和这个男孩聊聊吧。

我跟男孩聊时，发现他不仅不笨，反而算是非常聪明的。为什么成绩差？因为他喜欢玩游戏，多次和同学组队去青岛、济南参加比赛，不过比赛成绩平平。在职业玩家面前，他算不上高手。

当我跟他聊起学业时，他会嘲笑那些学习好的学生，说他们有的人连电脑都用不好，跟他们一块玩游戏的时候反应慢，根本比不上他。

当我跟他聊起游戏，他会嘲笑那些职业玩家都是从早到晚地玩，一天至少 12 小时坐着不动，很多人的颈椎都已经出了问题，其实生活过得并不好。

当我跟他聊起他母亲对他的现状不满时，他说别人家的有些孩子还不如他呢，他也只不过是成绩差，有的同学还有不良习惯呢。

多么有趣，不论我跟这位男孩聊什么，他都不会表现出消极情绪。

他的逻辑是，跟学习好的人比，我游戏玩得好，我强啊；跟职业玩家比，我健康，我强啊；跟别的孩子比，有比我差的，我缺点少，我强啊。

所以他可以通过这种“良好的自我调节”，乐观、开朗、健康地茁壮成长。

我想我应该帮不了这位母亲了，跟她说了一下我的想法，希望她再找找别人试试。后来，这位男孩高考只考了 200 多分（满分 750 分），随便去了一所学校，毕业后找了几份工作都不合适，在家“啃老”了很久。

鲁迅先生已离我们远去这么多年，阿 Q 精神却一直存在。“阿 Q 们”永远能找到一个逃避问题的角度，永远很满足地活在自己的世界里，永远不愿承认自己的软弱和懒惰，永远不愿意付出努力和尝试，永远用阿 Q 式的思维逻辑来抹杀自己曾有过的梦想和追求。

有些人把乐观和阿 Q 精神混为一谈。乐观和阿 Q 精神的主要目的都是将失败带来的负面效应减到最小，它们确实很像，但却有本质上的不同。其不同在于，二者在引导未来的作用上有所不同，前者大多起积极作用，而后者大多起消极作用。

乐观是，今天考试我没考好，是因为我不如别人努力，我继续认真努力之后会考好的。阿 Q 精神是，今天考试我没考好，不过没事，还有那么多人比我考得差呢，我还不错，就这样挺好。乐观不一定使人进步，但阿 Q 精神一定会使人不进步。

有阿 Q 精神的人，没钱，就说钱多了之后既要防偷又要防盗，不省心；买不起车，说是为了响应节能减排的号召，为环保做贡献；买不起名牌衣服，说那衣服自己穿着不好看；考不上公务员，就说别人都是靠关系走后门；英语学不好，说自己爱国；工作能力不如别人，说能者多劳，自己乐得清闲；做事失败了，说自己以前成功过好多回呢；……

在这个世界上，总有一部分人不思进取、故步自封、甘愿为人后，他们乐于成为阿 Q，需要成为阿 Q。你永远也叫不醒这部分装睡的人。有一部分人会有一定的清醒意识，能通过自我调节，时刻警醒和提醒自己保持在非阿 Q 状态。还有一部分人拥有目标却暂时迷失方向、愿意努力却暂时陷入迷茫、不甘平庸却暂时感到迷惑。也许能够被唤醒的，正是这部分人。

复合法则：如何脱颖而出

复合法则：当单一能力无法提供足够的竞争力时，可以引入其他能力，将不同能力叠加、融合、延伸，形成复合能力，从而获得竞争力。复合能力是竞争力较强的能力，运用得当能取得 1+1 ＞ 2 的效果。

兴趣爱好是能力“加成”

有个朋友咨询我，说他在法律领域做了近 20 年，刚开始做自媒体，想通过自媒体让更多人认识自己。做自媒体一段时间后，他发现单纯的法律内容不够吸引人，而他对心理咨询师很感兴趣，所以正在考虑要不要在自媒体上写一些心理咨询的内容，或者转行去心理咨询领域。

我给他的建议是千万不要丢掉自己的本专业，虽然法律类的内容在自媒体上相对不吸引人，但这是他的标签，除非他决定转行，以后不再接触与法律相关的事务，否则这个标签应当一直跟着他。而他已经在法律领域做了近 20 年，转行显然是不明智的。

那心理咨询这个他感兴趣的领域就完全放弃吗？不是，心理咨询恰好可以成为他的自媒体内容的加分项，丰富他的内容。他可以继续聚焦法律领域，用法律 + 心理咨询形成内容优势或产品优势，而非转向心理咨询领域。

朋友采纳了我的建议，后来，他说，自己在法律咨询过程中运用了很多心理咨询技巧，发现法律咨询过程进展得很顺利，比单纯的、冷冰冰的法律咨询更有人情味儿，客户也更喜欢。在心理咨询方面的爱好让他具备了一种复合能力，构建了他在法律领域的差异化优势，从而提升了他的竞争力。

同样的，前面案例中介绍过的咨询我读书领域线上课该怎么做的那位朋友，我建议她坚持少儿英语教育领域。她爱好的读书领域也要放弃吗？不是，读书同样可以成为她的内容的加分项，少儿英语教育 + 读书，同样可以构建差异化优势，提升她的竞争力。

复合能力的“加成”不仅体现在“正事”上，还体现在休闲娱乐上。很多人觉得休闲是休闲，娱乐是娱乐，耗费在休闲和娱乐上的时间就像是“浪费”了，因为休闲和娱乐不产生价值，不会对主业产生帮助。这样想问题其实有些狭隘了，功不唐捐，我们曾经在休闲娱乐上付出的时间同样可以作为一种复合能力的加成。

我曾一度被家人认为是“网瘾少年”，我上小学时沉迷于玩游戏，写完作业就往游戏厅跑。家用游戏机兴起后，我就天天往发小家里跑，因为他家有家用游戏机。后来有了网吧，我开始玩电脑游戏。直到今天，我平均每天还会花 30 分钟玩游戏。不仅如此，我的休闲娱乐活动中还有看漫画、看电影等环节。

玩游戏、看漫画、看电影浪费时间吗？如果把这些事情看成是与主业完全对立的，确实是浪费时间。但如果把这些事情和主业有机地结合，则可能发展出一种别人不具备的复合能力。

1. 游戏+

为什么很多人爱玩游戏？这是我发现自己沉迷于玩游戏之后一直在思考的问题。别人玩游戏只是玩，我除了玩之外，还在观察，观察游戏的整体设计，包括规则、故事、人物，最关键的，是游戏为什么吸引人。

后来我发现游戏的本质是一套精神激励法，这套精神激励法远比物质激励法更有效，我可以将其总结成一套方法论用在经营管理中。结合我对经营管理的专业理解，加上这套有关精神激励的方法论，我对如何激励别人有了更深层的理解，所以能推出相关的书、线上课和线下课。

2. 漫画+

虽然我自己不会画漫画，但随着我对漫画的理解很深刻，我一直有种想把漫画和专业相结合的冲动。漫画生动形象，非常直观，就算不喜欢看文字的人也能从中获得知识，而且能更快地理解知识，让记忆更深刻。

漫画 + 知识的形式近些年在自媒体和图书领域都有成功案例，这种模式也被验证是可行的。所以后来我出了一系列图解小团队管理的图书，通过漫画 + 方法论 + 案例的形式，把难懂的管理知识通过图示化、结构化的形式更形象地表达出来，受到了市场的欢迎。

3. 电影+

很多人喜欢看电影，虽然大多数电影是娱乐产品，但其中不乏有教育意义的故事。通过看电影，人们能从人物和故事中悟出道理。电影可以与经营管理领域挂钩吗？当然可以。很多电影中的经营管理的方法论，都可以作为管理培训的内容。

我在开发线下课时，为增加趣味性，会刻意剪辑一些电影片段作为视频教材，或者通过口述，和学员一起讨论某部电影的情节，从而让学员获得知识和感悟。学员在这种培训方式下会感觉轻松愉快，这种方式的培训效果比传统讲授式的培训效果更佳。

除此之外，游戏、漫画和电影也一直受很多年轻人喜爱，了解这 3 个领域能让我一直保持和年轻人有共同语言，能迅速拉近我和年轻人之间的距离。

兴趣爱好可以在主业的基础上作为能力加成，能够为核心领域中的能力添砖加瓦，构建差异化优势，从而让我们获得特有的竞争力。

叠加效应创造竞争力

经营管理领域的线下课市场在我国已经存在多年，在这个领域，全国的管理名师早已多如牛毛，这些名师和线下课机构间也已经形成了多年的稳定合作关系。我如何在这个领域的线下课市场中取得突破呢？

除了都对势能有要求外，线下课市场与线上课市场的运作逻辑完全不同，线上课以 To C（对个人）为主，成交受流量的影响较大；线下课以 To B（对企业）为主，成交受渠道和资源的影响较大。

虽然我在经营管理类图书和线上课方面的质与量上具备竞争力，但线下课市场有自己的规则，不是你强就该你上，是别人选了你，你才能上。别人会因为你强选你吗？线上课会，线下课不一定。线下课机构选讲师通常看以下 3 点。

1. 势能

会写书和有线上课授课经验是势能，但势能有很多种，名企高管、名校头衔、丰富的工作经验等在线下课领域都非常受欢迎。例如阿里巴巴公司前任高管总结出的运营方法论非常受欢迎；腾讯公司前任高管总结出的产品方法论非常受欢迎；百度公司前任高管总结出的技术方法论非常受欢迎。

2. 稳定

线下课市场要求授课效果稳定，每场培训都要让听众觉得值；要求讲师的排期要稳定，需要讲师出面的时候要有排期，排不上的讲师还不如不合作；讲师和机构之间的合作要稳定，讲师不能在讲了几次之后因自身“膨胀”了，就把机构给“甩”了。

3. 价格

线下课机构选讲师比较看重性价比。贴有“大咖”标签的讲师，标价很贵，但太贵了往往是排不上课的，因为多数 B 端买不起；“咖位”比较小的讲师虽然相对便宜，但其讲课质量通常较差，机构会觉得讲师水平低而不愿选择他。

我如何在线下课市场中脱颖而出呢？

我将在图书出版和线上课领域中形成的经验，平移到线下课领域，和我线下课领域的能力形成叠加效应，从而能形成竞争力。

1. 势能

我曾经和多家管理咨询机构合作过一些项目，由此具有丰富的项目经验，由这些经验凝结成的知识原来是通过图书和线上课的形式体现的，其中不乏各类名企的项目案例。这些内容能不能应用在线下课领域呢？当然能。这就让我也具备名企方法论背书的势能。

2. 稳定

我能持续写出畅销书，能持续推出销量高的线上课，这已经可以证明我是个能够稳定输出优质内容的人。这种稳定性当然也可以在线下课领域得以体现。我可以保证每次线下课的效果：不仅学员对线下课的评价好、能形成口碑效应，而且能使学员复购。

3. 价格

我在图书和线上课领域的收入已经比较可观，如果按单位时间价值折算，我在经营管理领域线下课市场中的定价应当是比较高的。但我给机构报了长期合作的优惠价，虽然和别的讲师相比价格仍不能算便宜，但对于机构而言，选择我这个段位的讲师的性价比是比较高的。

基于以上 3 点，我和线下课机构的合作开展得比较顺利。

如何保证线下课的效果呢？除了站在学员的角度，讲学员最关心的实战问题之外，还可以从比较优势的角度入手。

什么是比较优势？就是做到比其他管理名师讲得更好。

管理名师可能有哪些缺点呢？

（1）一直讲课，长期脱离实际工作，内容不落地。有的管理名师还在讲多年前管理学课本的内容，还用陈年老"梗"，陈词滥调，人云亦云。

（2）只会讲管理，不懂经营。老板首先要赚钱，其次才考虑如何通过管理赚钱。很多管理名师从没真正体会过老板的感受，坐而论道容易，起而行之很难。

要抢占市场，免不了发挥比较优势。郭德纲的相声为什么火？除了有独特的表达技巧外，优质的内容是关键。郭德纲不需要创作出世界上最优质的相声作品，只需要稳定、持续地创作出比市场上大多数相声艺人的作品好的作品。

如果按在单位时间内创造的价值计算，我给线下课机构报的合作价格对我而言其实是要赔钱的。但我为什么还要讲线下课呢？主要原因在于，我要接触不同领域，通过讲线下课锻炼自己，保证自己的复合能力具备叠加优势。

写书主要锻炼的是结构总结能力和文字表达能力，讲线上课主要锻炼的是知识提炼能力和语言表达能力。讲线下课要直接与学员面对面接触，知识积累丰富和表达能力强都是基础，要讲好线下课，需要的能力更加多元。然而，有很多讲师只会讲线下课，不会写书，不会讲线上课，也不会做管理咨询项目。

如果我能把书写好，能把线上课讲好，能把线下课讲好，还能把管理咨询项目做好，那么就代表我拥有了提供经营管理类知识服务需要具备的全部能力。这种复合能力形成的叠加效应，能够为我创造非常强的竞争力。

多维复合构建强势能

有次我问 10 岁大的小外甥："你知不知道梅兰芳是谁？"

小外甥说："知道呀，是中国京剧的祖师爷！"

我马上纠正他说："梅兰芳先生不是京剧的祖师爷，是京剧大师。"

然后我问他："你还知道别的唱京剧比较出名的人吗？"

他说："我还知道瑜老板（王佩瑜）！"

我问他："还有吗？"

他想了很久，说："没有了……"

这也许是当代年轻人对京剧的认知现状。梅兰芳先生势能极强，能够名垂青史，只要知道京剧的人，没有不知道梅兰芳的，以至于我的小外甥误以为他是京剧的祖师爷。瑜老板为了将京剧艺术发扬光大，频繁出现在主流媒体上，被很多年轻人熟知。

文无第一，武无第二，历史上那么多京剧名角，为什么只有梅兰芳的名气最大呢？梅兰芳是如何成为京剧大师的呢？

梅兰芳先生的硬实力摆在那里，他的唱功与身法等表演技艺一流这一点毋庸置疑。具备一流的表演技艺是成为大师的基本条件，但不代表具备了这些就能成为大师。实际上，在梅兰芳之前、同时期和之后都有大量京剧大师。而且据说在梅兰芳成名前，多数人更喜欢老生（京剧中的角色之一），而梅兰芳主要唱旦角（京剧中的角色之一）。

梅兰芳的过人之处在于他是输出京剧文化的第一人。梅兰芳曾在无人资助的情况下，毅然决定自费出国演出。他一生访问过多个国家，将中国京剧这种传统文化输出到国外，让更多外国人了解中国京剧，了解中国。

1930 年，梅兰芳访问美国时，与美国的派拉蒙电影公司（Paramount Pictures，Inc.）合作拍摄过京剧和昆曲的视频节目，这在当时开创了京剧视频化的先河，让原本听众必须到现场才能听到的京剧，能够穿越时空被更多人接触。

梅兰芳对京剧文化的输出，让很多外国人一提起中国京剧的代表人物，就只知道梅兰芳。除了主动访问外国外，梅兰芳也积极接待外国来访的名人。著名诗人泰戈尔访华期间，与梅兰芳结下了深厚的友谊。梅兰芳曾为泰戈尔做专场演出，泰戈尔也现场赋诗一首，并将诗写在纨扇上赠予梅兰芳。

借助京剧文化输出，梅兰芳拥有了独一无二的标签和影响力。深厚的艺术功底 + 积极的文化输出形成的多维度复合能力，让梅兰芳具有一股可以跨越时空的超强势能，成为多数人心中的中国京剧第一人。

Chapter 4

第 4 章 规避风险

成长过程中处处存在风险，这些风险有时候来自外部，有时候来自我们自身。风险意味着成本损失，意味着时间浪费，要防止风险发生，我们首先要学会规避风险。规避风险能让我们少走弯路，更容易实现目标。

不赌法则：一夜暴富真的存在吗

不赌法则：赌徒们认为，一夜暴富很容易，只要找到捷径，相信运气，将本金全部压下，赢几次就实现财务自由了，就算为此铤而走险也没关系，这就是赌徒心态。人一旦抱有赌徒心态，在成为“赌徒”的那一刻，就注定会输。

捷径往往风险更大

有很多人通常会这样想问题。

（1）应该有捷径可以走吧。

（2）肯定有什么办法能让我一次赚很多钱。

（3）冒险做不确定的事也没关系，万一赚了呢？

（4）多借点钱不要紧，只要让我逮到机会赚了钱，总能还上。

（5）我要 all in（全部押进去）！我要倾尽所有！我要不留退路！

一夜暴富真的存在吗？真有捷径可走吗？答案不言而喻。建立不赌心态，才是正解。

根源在妄念和贪念

我很早就开始接触投资理财。投资理财类的文章会把投资说得很简单，投资者似乎不需要付出努力，只要愿意掏钱，然后等着数钱就好了。

前几年的 P2P（peer to peer lending，个人对个人借款）爆雷，我也买过 3 家 P2P 平台的产品，但我选的那几个平台都比较靠谱，当时没有爆雷。这不是因为我有多精明，而是因为我之前在投资理财上吃过亏。

刚有些积蓄时，我在互联网上搜罗赚钱项目，发现一个投资产品，如今在百度百科中还能找到关于这个基金的介绍。投资这只基金的定投产品，150 ～ 180 天可以提现，每天有 1% ～ 1.9% 的收益率，也就是说，150 天后，至少有 1.5 倍收益。

为什么这只基金能有这么高的收益率呢？

该基金的官网上给出的原因是其在全球投资原油、天然气等高收益项目。官网上的新闻报道、照片等证据一应俱全。

这只基金的官网内容是全英文的，基金的总部设在美国，投资这只基金必须用美元交易。具体怎么操作呢？需要把人民币换成美元，用 Paypal 或 PayZa 交易。

我当时其实对庞氏骗局略知一二，也怀疑过这是假的。但我抱着侥幸心理，心想这只基金都做 3 年了，而且有实体，我投 180 天，到期之后马上就把钱提出来，应该不会这么倒霉被骗吧？

庞氏骗局的模式都大同小异，我投钱之后不到 3 个月，该基金的官网打不开了，我投的钱全没了。我国的 P2P 或民间非法集资爆雷了投资者还能报警，我投的这个基金爆雷了，我连报警都不知道怎么操作。

有次春节回老家，我姑拉着我向我推荐投资项目（跟我投的那个基金的模式一模一样）。投这种投资项目，拉人头还可以得提成，即时支付，所以我姑才会找我加入。我劝她千万别投，她说她知道这可能是假的，等过 1 个周期盈利了就不投了，结果她和我之前一样损失惨重。

公安立案后，发现这个民间非法集资项目共吸纳 30 多亿元资金，这还是个只在我们那个小县城存在的项目。不论在什么场景中，只要有人说投钱就能有 12% 以上的年收益率，什么都不缺，就缺你的钱，这人极大概率是骗子。路要一步一步走，天上不会掉馅饼，容易赚钱的“机会”背后多是陷阱。

想赚钱无可厚非，但要警惕自己的贪念被别人利用。这种庞氏骗局能骗到人，很多时候不是因为被骗的人不知道这是骗局，而是他们知道这大概率是骗局，却被贪念驱使，觉得自己可以试试，觉得自己说不定可以利用骗局的漏洞获益。

我们要对抗的，不仅仅是骗子，还有自己的贪念、侥幸心理和以为可以暴富的妄念。

机会都在主业之中

有没有可能通过互联网，只投入上网时间，在家坐着就能轻松赚钱呢？这是我曾经的一个幻想，也是后来我投资一个项目被骗的思想根源。

典型的庞氏骗局比较容易识破，但如果加上些包装，让人一眼看不出来，就难讲了。我投的那个项目，就是一个比较难识破的旁氏骗局。

有一次，我上网寻找通过互联网赚钱的机会，发现国外有一种看广告得收益的网站。用户只要每天登录网站看广告，看足一定时间，就可以获得收益。

这些网站都是全英文的。因为网站对每天看广告的数量有限制，且用户看一个广告的收益比较低，所以用户只在一个网站老老实实看广告的总收益是不高的。

但用户有两种方式来提高收益，第 1 种方式是老老实实在多个同类网站上看广告，虽然在单个网站上赚得少，但多个网站的收益加在一起就比较多，一个月下来赚几顿早饭钱是没问题的；第 2 种方式是推荐别人来这个网站看广告，得别人看广告的分成收益。

这个模式看似很合理。广告商为了推广，在网站上打广告，付给网站广告费。网站为了有真实流量，把一部分广告费分给看广告的用户。用户通过看广告获得少量收入。这似乎是个能实现三赢的局面，用户会有什么好被骗的呢？问题就出在提高收益的第 2 种方式上。

为了增加用户规模，这些网站会设置一个推荐奖励机制，例如 A

推荐了B，B看广告的收益会被分给A一部分；B又推荐了C，C看广告的收益就会被分给A和B一部分。

类似的推荐奖励机制如今很多正规商家也在用，不稀奇。但这些网站开了个“脑洞”，就是让那些没有推荐能力的用户可以通过付费来“购买”新用户，最终获得这些新用户看广告的收益分成。

例如A平时看一个广告，网站给A 0.1元，A推荐B看一个广告，网站给B 0.1元，B会分给A 0.05元。A如果没能力推荐新用户，可以花100元“购买”100个新用户，获得这些新用户看广告的收益分成。这100个新用户平均每人看20个广告，A就回本了，每人看超过20个广告，A就赚了。

网站会规定用户平均每天看广告的数量，一个用户一天最多看4个广告，也就是A“购买”100个新用户最少需要5天才能回本。不仅如此，这些新用户如果再推荐新用户，A可以获得更多收益，就能进一步缩短回本时间。

当然这只是理想状况，实际上A“购买”的100个新用户不可能全是活跃用户，很多用户可能只看2～3天就不看了。网站也会告知用户这种情况，不保证购买到的新用户的活跃度。

这是网站给用户设计的“投资策略”，但对用户来说风险很大。因为用户在“购买”新用户后，无法保证这些新用户都活跃。但用户也会想：说不定会“购买”到那种每天都看广告，还能有能力拉来更多用户的新用户呢。可仔细想想，这一切的操控权全在网站手中。

看似完美的模式背后其实又是一个庞氏骗局，而我又上当了。我之所以会上当，有两个原因。

（1）我没搞懂这种模式，就躬身入局。人会骗人，但模式不会。模式有问题，看起来再像好人的人也是骗子。做任何事之前都要先分析模式，只有模式上的逻辑是通的，才能考虑去做。

（2）我还没有把握好不赌心态，还是输给了贪念和妄念。

相比上述投资方式，投资股票总是靠谱的吧？巴菲特的故事激励着每个追求财务自由的年轻人，我当然也不例外。

炒股与买股是两个不同的概念，我一开始遵循巴菲特倡导的价值投资理念，看准了后买进一只股票就不管了，但其中最大的难点是对抗自己的内心。

其他人都在短线交易，我就傻傻地守着一只股票？持有几年后能赚钱吗？

因为持有的股票过一年了也没见涨，所以我想，要不试试短线交易吧。听说张三赚了不少，要不跟着张三买吧。张三是我的一个同事，我们一起工作了两年多，慢慢变成无话不谈的朋友。后来他辞职做证券，总在朋友圈晒各种股票推荐，我们偶有联络，他说自己已日进斗金。

聊天中，我希望他给我推荐一只股票，他爽快地推荐给我一只。基于对他的信任，我全仓买入了这只股票。没想到在大盘没有较大波动的情况下，这只股票从买入的第 2 天就一路狂跌，中间几乎就没有涨过。我想后面可能会涨回来吧，所以一直没舍得卖。我买入时的成本是 16 元，两年后价格跌到了 6 元。

后来为了支付读 MBA 的学费，我只能清仓认赔。有趣的是，这只股票好像在故意戏弄我，我刚交完学费，它半年内一路狂升，涨到了20元。

术业有专攻，任何一个领域都有其专业性。一个非专业的、不是天天研究股票领域的人，看了几本巴菲特的书，就觉得自己能在股市中赚钱，这也是基于贪念产生的妄念。

在股票市场，比我懂 100 倍的人都可能赔钱，比我专业 100 倍的人都可能会亏，我凭什么一定会赚钱呢？

体会了庞氏骗局，体会了股市的风云变幻，想遍了可以让自己再出发的方法，我发现人还是要把时间用来做自己擅长的事。

人力资源管理这个领域虽然门槛低，但上限也可以很高。大企业的人力资源负责人，不论做管理咨询，还是做培训讲师，都有能做到年收入几百万的。我为什么不在自己的专业领域里深耕呢？

独立法则：专家的建议一定靠谱吗

独立法则：人要具备独立思考能力，构建独立人格，自己为自己的成长负责，自己为自己的决策负责。人应当多方听取别人的意见，但永远不要把自己的命运交到别人手中，即使那个人是专家。独立思考是指人要敢于突破常识，不轻信传统观念。搞清楚为什么，是独立思考的第一步。

自己为自己负责

2007 年秋天，那时网络交易没有现在这般盛行，大多数人还搞不清楚什么是 B2B（Business to Business，企业间的电子商务）、B2C（Business to Customer，企业与消费者之间的电子商务）、C2C（Customer to Customer，消费者之间的电子商务）。我是随着中国互联网的发展成长起来的一代人，算是老网民了。我相信互联网会成为未来的发展趋势，在比较了各种项目之后，决定投身做 B2B。阿里巴巴集团就是做 B2B 起家的，现在看来，我选的方向是没错的。

当然，我不是自己做 B2B 网站，那种做法的资金投入太多。实地考察过几轮后，我加盟了一家 B2B 网站，该网站的总部在北京 CBD 附近，富丽堂皇的装修环境让我觉得这家公司特别靠谱。

当时，我拿着大学时创业赚来的 10 万元，加上从亲戚朋友那儿借的 10 万元，和一个朋友以 50 万元的资金加盟了这家网站，成为该网站在天津市的总代理。

当时我为什么判断这件事可行呢？主要是我认为 B2B 是个“暴利行业”，我们的模式是收商家入驻网站的会员费和网站广告费，除了雇销售人员的成本外，这对我们来说几乎是无本买卖，难点全在销售端。

现在看来，这个判断也大致没错，阿里巴巴发展 C 端业务（淘宝）的前几年都是赔钱的，就是靠 B2B 业务不断补充现金流为 C 端业务“输血”的。错就错在，我选错了网站。

在加盟那家网站之后，我前前后后忙了一年多，有天忽然接到消息，这个网站自称经营不善倒闭了，我猜应该是管理者“跑路”了，但已经无从查证了。我不仅落得身无分文，还欠了 10 万元外债。

投资失败给我带来金钱上和心灵上的双重打击。

（1）从借钱给我的亲戚朋友那儿，我不断听到“我早说了你不是那块料”“别做梦了，实际点吧”“这就是你不听话的下场”之类的话，我不但要还钱，还要遭人白眼。

（2）我因创业耽误了找工作的黄金时期，求职处处碰壁。

我从未想过自己会尝遍底层劳动者的辛酸与苦楚。这是我人生最昏暗的时期。曾经的我由于社会阅历不足，把商业世界想得过于简单。在深刻反思后，我认为以后千万不能把自己置于一个只要失败一次就满盘皆输的境地。

在我决定做 B2B 项目之前，我关注了一个经济学家。这个经济学家曾经“站台”过的多家 P2P 平台“暴雷”，很多人基于对这个经济学家的信任而买了这些 P2P 平台的产品，结果这些人大都损失惨重。我也曾吃了这个经济学家的亏。2007 年前后，他认为房地产有泡沫，房价必然会降。

那时候天津市的房价平均为 4000 元 /m^2，我是很想买的。当时，我打算用来投资 B2B 项目的 20 万元足够交一套大房子的首付或买套小房子了。我的判断是房价会涨，但又一想，这个经济学家在大众媒体上说的话还会有错吗？

在纠结用这笔钱买房还是投资时，我把命运交给了这个经济学家。在投资上，我把命运交给了那家 B2B 网站。那么，我失败的原因都在他们，我只是个单纯的受害者吧？我以前也这么想，但如今不这样认为了。

仔细一想，别人又没有强制我做什么，一切的决策都是我自己做出的。我只能自己为自己的决策负责。这个世界每天都会出现各种各样的“大忽悠”，如何鉴别呢？唯有不断学习，养成独立思考的习惯，才能避免自己成为别人的“附庸”。

常识不等于真理

我的职场导师给我讲过一个他的故事。

小时候，他的母亲总是教他吃木瓜时要先吃尾部再吃头部，因为木瓜头部往下的那个部分是最甜的。从尾部吃到头部，这样先吃的部分虽然不甜，但最后吃到的是甜的。这叫先苦后甜。而他通常是吃完头部那部分甜的以后就不吃了，结果他每次都被他的母亲数落。

但是他做了一件大家都没想到的事。他保留了自己吃过的最甜的木瓜的种子，然后种下，后来得到了更多这类甜木瓜。他周围的人呢？只知道吃木瓜要“先苦后甜”，被动接受着有的木瓜甜，有的木瓜不甜这个事实，却不去想如何保留这种甜。

先苦还是先甜，不仅蕴含着挣脱思维束缚、突破传统思维方式的智慧，也蕴含着博弈中“赢”的智慧。

没有人喜欢苦。虽然先甜了，不一定会后苦，但是先苦了，那就已经苦过，而且也不一定后甜。华为总裁任正非说：“条件不好的时候，要艰苦奋斗，条件好了，喝着咖啡照样可以艰苦奋斗。艰苦奋斗是种精神，而不是形式主义。”

常识不等于真理，人要独立思考，发现有益于自己的结论，而不是墨守成规，人云亦云。

先搞清楚为什么

有一次吃饭，我的导师问桌上所有人："如果你们去山上砍树，山上一共有两棵树，一棵树是粗的，另一棵树是细的。你们只能选其中一棵砍，你们会选哪一棵？"

问题一出，大家有些不解，说："砍那棵粗的吧。"

他笑了笑，说："如果那棵粗的是一棵普通的杨树，不值钱；而那棵细的是红松，现在你们会砍哪一棵？"

红松比杨树更有价值，大家想了想说："那就砍红松吧，因为杨树不值钱。"

他微笑着看着大家，问："那如果那棵杨树是笔直的，而那棵红松却七歪八扭的不成样子，也不值钱，这时候你们会砍哪一棵？"

大家越来越疑惑，有人说："如果是这样的话，还是砍杨树吧。红松弯弯曲曲的，什么都做不了呀！"

有人说："还是应该砍红松，即便红松再扭曲，价值还在，还是可以用来做一些小工艺品。"

导师的目光闪烁着，大家已经猜想到他又要加条件了，果然，他说："如果，杨树虽然笔直，可因为年份太久，中间已经空了。这时，你们会砍哪一棵？"

虽然搞不懂他葫芦里卖的什么药，大家还是从他所给的条件出发，说:“那看来还是要砍红松了，杨树的中间都空了，没有用！”

他紧接着问:“可是红松虽然不是中空的，但它因为扭曲得太厉害，砍起来非常困难，这时你们会砍哪一棵？”

终于有人坐不住了，问:“您到底想测试我们什么呢？”

他收起了笑容，说:“你们怎么就没有一个人问我，到底砍树是为了什么呢？虽然我的条件在不断变化，可最终结果取决于你们最初的动机。如果想要取柴生火，就砍杨树；如果想做工艺品，就砍红松。你们当然不会无缘无故就提着斧头上山砍树！”

有时候工作结果的对错不重要，重要的是在做事情的过程中，人们能不能解释为什么这么做。即不是因为上司或有人叫我们这么做，而是用自己的脑袋去想，为什么这么做？如果只知道“怎么做”，这类人充其量是个“木匠”。知道“为什么”做，这才是管理者或领导者该有的思维。

西蒙·斯涅克（Simon Sinek）提出了“黄金圈法则”。这个法则可以图形化为一个同心圆，由内向外分别是 why、how 和 what。

大部分人的思考方式、行动方式、交流方式都是由外向内的，即 what—how—why。而许多成功的领袖或管理者，许多行业领军的企业或组织的思考方式、行动方式和交流方式都是由内向外的，即 why—how—what。

以职场为例，职业发展就遵循着黄金圈法则。开始时，是由外向内，先观察 what，看同事和上级在做什么，有什么是他们已经做了而自己没观察到的工作，这些工作的属性如何划分，不同工作之间的关系如何，做这些工作对实现既定目标有什么作用。

有一部分人，在此基础上开始思考 how，即这些工作该如何做才能达到既定标准，如何才能精进从而达到卓越水平，从制定战略到执行，又是如何保证战略落地实施的。

还有一部分人，来到了取得管理精髓和成长进阶的关键处，就会考虑 why，即为什么要做这些工作而不是做其他的工作，自己究竟为什么而努力。

当一个人在几件事情上完整地走完由外向内的流程后，真正开始向高手转变时，就意味着他开始学习由内向外思考了。

外行看热闹，内行看门道，说的就是外行或功底浅的人，只能看到工作的表面；而内行或有一定功底的人能透过现象看到工作的本质，能够掌握做好这些工作要注意的事项乃至要遵照的标准流程；而高手不仅能全面地看到表象（what），还能掌握相应的方法（how），更能参悟到做这些工作的根本原因（why），然后把由外向内的思考转变为由内向外的思考。

总之，我们应以“为什么”为始，以“怎么做”为桥梁，以“做什么”为终。

准绳法则：如何让知道变成做到

准绳法则：知道≠做到，很多时候，人们不做某件事不是因为不知道要做，而是因为做不到。要做到，需要人们在做事时有一条准绳，要有行为准则，要有做事原则。当人们能持续遵照这条准绳做事时，他们会逐渐将准绳内化为行为习惯，融入行为之中。

找到自己的“甜蜜区”

你有没有再犯已经犯过的错误的经历？有没有即使已经明白了道理也会不照着道理做的经历？有没有再吃已经吃过的亏的经历？很多人会说一些大道理，教别人时头头是道，但到了自己做的时候，什么都忘了。

我的父亲嗜酒，喝酒早已危害了他的身体健康。曾有医生劝我父亲戒酒，后来父亲发现那个医生也喜欢喝酒。连医生都言行不一，我父亲更坚定了自己没必要戒酒的信念。可见，拿自己都没做到的事来劝别人，是没有任何说服力的。

在我决定创业前，我做了一个非常不明智的决定——在融资融券后全仓买入了一只股票。与我之前买股票的经历不同的是，这次的股票是我自己选的。

我在当时买这只股票时是参考了一些理论的，但如今看来这个决策真差劲。在股票投资市场，我是不专业的，但那时候的我总以为自己懂行。

融资融券是什么概念？相当于向证券公司贷款买股票。那时，开通融资融券账户的条件是有 50 万元本金，我当时正好有 50 万元，就开通了账号。加杠杆买股票是非常不明智的，也许会大赚，也许会小赚或不赔不赚，但一旦赔了就一定会大赔，结果几个月下来，我赔了近 100 万元。

我为什么会犯这个错误？因为我当时买了房，买了车，结了婚，手里剩下一点钱，没找到好的投资渠道，又急于求成，想让钱变得更多。

当时，我还有个很不成熟的想法，就是想着通过股票赚一笔，这样就算创业的前几年不赚钱，也能撑下去，而且可以有钱多雇几个人，开拓当地的甲方人力资源服务业务。

本来我在创业时手里可以有 50 万元打底，结果真到要创业时，我不但手里没钱，还有负债。

因为没钱，我只能轻资产运营，不敢雇人，不敢发展甲方业务。怎么办？就围绕互联网做个人 IP 吧。我本来也想以这个为主，这下好了，别的事也不用想了，因为这成了唯一的出路。

现在看来，我选择轻资产运营是对的，同城的几个重资产运营的同行，都快做不下去了。这些人也替我"趟了浑水"，告诉我那样做行不通。

我犯错的原因依然是还不具备不赌心态，以为成功有捷径，在做自己无法掌控的事情时以为自己能成功。之前多次犯下的同类错误，还是没有让我长记性。这让我深刻体会到，知道和做到，真的是两回事。我自认为是个理性的人，但这竟然不影响我再犯曾经犯过的错误。

如何避免重复犯过去犯过的错误呢？或者延伸一下，如何避免犯这类低级错误呢？

我的感悟是，一定要有准绳。什么是准绳？准绳就是做事的原则、法则、规范、标准。我们一定要遵照准绳做事，而不是依靠感觉、冲动和想象力做事。先定下自己的准绳，然后坚决遵照准绳执行。

巴菲特的成功正是源于他坚持遵循自己的投资原则。例如在科技股连续几年大涨时，巴菲特依然坚持只投资提供民生商品或服务的上市公司。理解巴菲特的投资原则并不难，但要能够一直按照这些原则做事，我们需要战胜人性，战胜贪婪，具备不赌心态。

巴菲特曾经用棒球运动员泰德·威廉斯（Theodore Williams）的理论来说明自己的投资原则。泰德·威廉斯曾经在自己的著作《击打的科学》中把自己的击打区域分成 77 个部分，只有当球进入这些区域中的理想区域时，他才会挥棒击打。这些理想区域，被他称为“甜蜜区”。如果球没落在“甜蜜区”，他就不会挥棒。

巴菲特在投资时也是如此，他也有自己的“甜蜜区”，这些“甜蜜区”正是他的做事原则，他只投资自己有把握的股票。那些没有把握的股票，就算看起来再美好，他也不会投资。

因此，只要我们遵照准绳做事，就不会犯低级错误。

错误发生在一开始

抽烟的人不是不知道吸烟有害健康，而是做不到不抽烟；喝酒的人也不是不知道喝酒有害健康，而是做不到不喝酒。怎么样才能让抽烟成瘾的人戒烟，让喝酒成瘾的人戒酒呢？最好的办法是让这些人在一开始就不要抽烟，不要喝酒。

人如果在自己年纪很小的时候就明白准绳法则，并坚持以准绳法则做事，人生会顺利很多。这就是为什么很多家庭都有家训的原因。家训就是家庭中的所有人做事的准绳，其作用是使家庭中的每个人在一开始就把事情做对。家训可以避免家庭成员走弯路或发生错误。

人如果没有类似家训这样的经验指引，也能在一开始就把事情做对吗？

当然可以！

有一次我和一个朋友就“如何让员工在工作中更加负责”这个话题产生了分歧。那时我还没有小孩，朋友说不过我，就开启了“抬杠”模式，他说：“你没有为人父母的体验，根本就不会懂什么叫负责。”

我说：“我也没有死过，难道我就不懂什么叫死吗？”

我们不是要犯过所有错误才知道要如何避免错误，我们要追求的，是在一开始就把事情做对。

如何在一开始就把事情做对呢？最好的方法是给自己找一个对标的对象，或者找一个引路人做自己的导师。

在讲这个之前，我想谈谈一个词——骄傲。

什么是骄傲？有人说骄傲是自我膨胀，有人说骄傲是自以为是，有人说骄傲是到处炫耀。这些说法在一定场景下都对。

如果我们问自己：我是个骄傲的人吗？绝大多数人的回答或许都是否定的。许多人只有在像《龟兔赛跑》中的兔子一样做出离谱的行为时，才会意识到自己是骄傲的。

我们接下来问自己：我有一个对标的对象吗？我有引路人吗？我有人生导师吗？

如果没有，那这里的潜台词就是，在我们所处的领域里，我们已经默认自己是最牛的了，我们已经不需要学习或追赶任何人了，已经不需要任何人的指导了。

当然，这肯定不是大多数人的本意，但这确实是一种被忽略的骄傲。

读万卷书不如行万里路，行万里路不如阅人无数，阅人无数不如贵人相助，贵人相助不如高人指路。我们在阅人无数后，会发现不同人的成败得失，从中总结经验教训，可以避免再犯同样的错误；有贵人相助时，因有贵人提点，我们能避过一个又一个陷阱。

这也正是学习的目的。人们要不断学习、终身学习，那人们学的是什么？学的是自己要形成哪些准绳，按照什么原则做事。当我们形成做事原则，遵循原则做事时，犯错的概率将会大大降低。

如果要寻找他人做自己的人生导师，需要怎么找呢？

人生导师通常能够以旁观者的身份看待我们的工作或事业，帮助我们看到全局，既可以和我们谈论那些务虚的、“形而上”的话题，也可以跟我们谈论务实的、具体的解决方案。

理想的人生导师最好是在职业或事业轨迹上领先我们 3 ～ 10 年的前辈。这样的时间距离可以保证人生导师提供给我们的建议具有足够的前瞻性，我们才既能提前做好准备，又不至于过分超前而脱离实际。

理想的人生导师最好具备以下 3 个特点。

1. 能指明方向

理想的人生导师应当具备较强的前瞻性，能够帮我们明确目标和方向，其发展路径可被视为我们努力的参考路径。

杰出的发展路径不是一帆风顺的，一次挫折都没经历过的天才并不一定是好的引路人。理想的人生导师应是面临过许多的挑战和失败，并战胜了那些挑战和失败的人。

在某些情况下，选择那些与自身职业或事业发展稍有不同的人来做人生导师也未尝不可。这样做的好处是我们能接触不同的思维模式，启发自己的思路，以新的角度看待事情，从侧面给自己提供方向感。

2. 能启发智慧

理想的人生导师能启发我们的智慧，让我们独立思考并形成结论，而不是将他的价值观强行灌输给我们。

如果你选择的人生导师只会以“想当年我怎样怎样”来开始他的发言，你最好再谨慎地考虑一下。因为和这样的人聊天，即使我们是带着非常明确的问题去的，谈话往往会演变成一场以这个人为主角的故事会，对我们起不到多少有针对性的帮助。

3. 能鞭策成长

理想的人生导师能推着我们向前走，可以不断地质询我们的现状，把我们从自信满满的状态中摇醒，并督促我们规划和考虑未来。我们寻找理想的人生导师的目的是让自己更强大，而不是把自己变成温室里的花朵。

失败本身是成功的一部分，失败也最能锻炼人。如果一个人总是能防止我们犯下所有错误，那他就不会使我们更“强壮”，反而会让我们变得“无力”。当我们有一天需要靠自己时，该怎么办呢？

我们要找一位能从思想上启发我们找到问题根源的人生导师，而不是找事事都替我们摆平的靠山。理想的人生导师把锻炼我们解决问题的能力放在首位，而把我们所面临的问题本身放在较为次要的位置上，这就是“授人以鱼不如授人以渔”的道理。

大包大揽式的人生导师能让我们轻松不少，但为了我们个人的成长考虑，我们更应该寻找善于利用循序渐进的提问方式帮我们理清思路，把我们引向问题根源，鞭策我们成长的人生导师。

准绳不是坚持来的

准绳需要靠坚持来遵守吗？不，遵守准绳不能靠坚持。什么是坚持？这里的坚持，是本来不想做，但是要靠意志力和自制力逼自己做。坚持是痛苦的，是不情愿的，是被逼无奈的。人如果靠坚持遵守准绳，那早晚会突破准绳的界限，打破原则，产生出格行为。

那准绳要靠什么来遵守呢？答案是靠习惯。什么是习惯？习惯是不纠结，习惯是不需要思考，与依靠坚持时仿佛每次做出选择都要经历巨大的思想斗争不同，习惯是人自然而然发生的行为。如果有人还在坚持自己的准绳，那说明他还没有养成习惯，还没有用好准绳法则。

人的意志力或自制力都是有限的，不是取之不尽、用之不竭的，就像人的力气一样。世界上没有一个人的力气是用不完的，人用力过猛就会累，就需要休息。意志力或自制力也是如此，这个结论已经被诸多心理实验证实。

当我们饥饿难耐时，我们面前突然出现一桌大餐，全都是我们平时最喜欢吃的菜肴。我们本来可以随便吃，也不需要考虑减肥的问题，但偏要告诉自己要克制，要坚持，不能吃这些最喜欢吃的东西，而选择就着白开水吃一张毫无味道的干饼。

当我们在一个本来可以休假放松、享受生活、做任何自己想做的事情的时刻，偏要告诉自己要克制，不能休闲、不能玩，还要继续埋头苦干。

在类似的情景中，我们每坚持一次，我们的意志力就消耗一分，如果坚持的次数太多，我们总会在某个时刻“累”到无力坚持。

这和从事体力劳动类似。想象一下搬家的情景，我们把一大堆家具从楼上搬到楼下，又从楼下抬上货车，再从货车上卸下，最后抬到新家里。也许用不了一天，我们就会双臂酸软，腰酸背疼，严重时可能连一杯水都端不起来——因为肌肉力量耗尽了。

肌肉劳累，过两天会恢复，意志力损耗，睡个好觉也能回归正常。不同的人，天生力气就不一样，意志力的强弱也不一样，但人的意志力与智商一样，总归会呈现出正态分布的趋势。有人天生意志力就超强，也有人天生意志力就超弱，但对绝大多数人来说，他们的意志力是处在中间状态的，不算强也不算弱。

肌肉力量有极限，意志力也是有极限的。我们在生活中面临的诱惑如此之多，每天都有大量事物在分散我们的注意力，如手机上有大量 App 想要占用我们的时间，如果我们仅靠后天锻炼意志力来管住自己不过度使用那些 App 根本不够。

那些成功人士、精英人士，之所以能高效地工作、学习和生活，其实并不像很多人以为的那样，是依靠强大的意志力，而是得益于后天构建起来的习惯体系。他们通过习惯，自发地产生自己希望见到的行为。

从没有某种习惯，到养成某种习惯，这个过程需要意志力。当这个过程形成后，我们只需靠潜意识来推动自己的行为即可。

如何养成习惯呢？

习惯的养成依赖于 4 个部分：信念（belief）、触机（cue）、惯性行为（routine）和奖励（reward）。

1. 信念

信念是养成习惯的顶层条件，解释了"为什么"。为什么有人要养成早睡早起的习惯？因为这个人相信早睡早起对自己的身心健康有好处。为什么有人要养成每天学习两小时的习惯？因为这个人相信每天学习两小时对自己的事业发展有好处。

相反，为什么有人对养成早睡早起和每天学习两小时这种习惯并不在意？因为这些人认为，这些习惯跟身心健康和事业发展没有太大关系。二者在实质上有没有关系是事实，我们认为它们有没有关系就是信念。强化自己的信念有助于我们获得精神上的正反馈和积极的动因。

2. 触机

触机指的是触发习惯的开端，就好像是枪的扳机。当人们按下枪的扳机后，子弹就能打出去。养成习惯也需要给自己制造一个触机。这种触机有很多，可能是时间、地点、事件或场景。

触机本身没有好坏之分，决定习惯对我们是否有利的，是习惯引发的一系列惯性行为。触机是大脑中某个习惯流程的开始，是习惯养成的必备环节。

如果有人每天在睡觉前习惯刷微博和朋友圈，那么触机可能会是这个人躺下来后盖被子的动作；如果有人习惯在家里的客厅看电视，那么可能这个人回家一坐到客厅的沙发上就下意识地打开电视。

我们要养成某个习惯，就要保证自己在某种触机之下，长期持续地做出某种行为。这样持续一段时间后，当我们再次处于这种触机之下，就会习惯性地做出相应的行为。

3. 惯性行为

因习惯产生的行为通常是惯性行为，其中，惯性是指该行为是无意识产生的。例如有人一打开电脑，就会先打开网络游戏；有人一到办公室，就会先泡一壶茶。在养成新习惯的过程中，人们的意志力，就会被用来修正那些引起负面效果的旧习惯，将其替换为新的惯性行为。

在纠正旧习惯的过程中，我们需要格外留意引发这些习惯的触机，不断提醒自己不要重蹈覆辙。这一步非常消耗时间和精力，我们可能要与旧习惯反复拉锯，因为要形成良好的惯性行为不仅需要我们有意志力去克服旧习惯，还需要在这一过程结束时有一定的正向反馈，也就是要获得奖励。

4. 奖励

奖励是习惯养成过程中至关重要的一环，它很容易被人们忽略。为什么坏习惯容易养成且难以改变？因为坏习惯给人的奖励往往是即时且明显的，例如过度打游戏、看综艺节目、刷朋友圈。

好习惯难以养成，恰恰是因为好习惯给的奖励在短期内不够明显。学习、健身这类习惯往往需要较长时间才能看到效果，也许有小部分人天生能从过程中获得精神激励，但大多数人不行。所以，我们需要适时给自己一些奖励。

不输法则：如何立于不败之地

不输法则：认真研究过《孙子兵法》的人都知道，《孙子兵法》主要不是教人们怎么赢，而是教人们怎么不输。怎么赢和怎么不输是两种不同的境界。争勇斗狠，非要与别人比个高下的人早晚会输，因为强中自有强中手。但“高筑墙，广积粮”，不断强化自己，让别人觉得打不赢自己，从而不敢主动和自己打，才能让自己不输。

“活下去”才最重要

在有次线下课，一个学员在课间休息时过来问我问题。他说他曾在一家知名公司做到高管职位，另一家成长性比较强的互联网公司挖他，他于是就去了。目前，他刚到这家公司一个多月，发现了不少问题，俗话说“新官上任三把火”，他想做一次比较大的人员和流程调整，于是他想咨询我的建议。

我建议他先在公司稳定生存 3 个月再说，这期间他主要是深入了解情况、搜集信息，不要有比较大的动作。在 3 ～ 6 个月后，他可以尝试做一些小改动。如果不是一把手有要求，他认为的比较大的人员和流程调整，最早也要等到 1 年以后再做。

我为什么这样建议呢？

因为我们刚到一个陌生环境时，先让自己活下去是最重要的。

在人力资源管理界，流传着这样一个 HR 在 3 个阶段必读的书单：第 1 阶段，《人力资源管理》《组织行为学》《驱动力》等；第 2 阶段，《教你怎么不生气》；第 3 阶段，《活着》。

这个书单虽然搞笑，却说出了一个道理：要想在组织中顺利开展工作，除了掌握基本的知识和技能外，活着很重要。我们只有让自己活下去，才有可能发挥价值，只有活得好才有可能推动组织产生积极的变化。

曾国藩不擅长骑马，原本只是文臣，后来却战功显赫。曾国藩是怎么打仗的？他把自己的战法称为“结硬寨，打呆仗”。

首先在想攻打的城池外面安营扎寨，形成包围之势，这就是“结硬寨”，然后不断巩固、壮大实力。为保证粮草充足，军队一开始要大范围种植粮食作物，做好长期斗争的准备。

接着，他也不派兵进攻，就这样和敌军耗着。城外的人进不去，城内外没有流通性，敌城就相当于被孤立了。城内的敌军会请求外部支援，这时候曾国藩的军队再围点打援。围点是方法，打援是形式，消耗是目的。比的就是谁能耗得过谁，谁活得时间长。

一段时间后，城内的敌军粮草断了，补给断了，只能“坐吃山空”。就算城内的敌军实在耗不起了，最后想要殊死一战，但因为军队士气下降，精力耗损严重，战斗力大打折扣，也必败。

所以总结一下，曾国藩是怎么赢的？他不是从城外把城内的敌军打败了，而是把城内的敌军耗败了。曾国藩打胜仗，比的不是战力，比的是消耗，比的是谁比谁活得长。

让自己不可缺少

不论是在职场，还是在商业世界，让自己活下去的最好方法是让自己变得不可缺少。

以职场为例，每个公司都存在 3 种类型的人：20% 左右的人是“人才”，这部分人可以被称为“不可缺少型”；60% 左右的人是“人材”，这部分人可以被称为“合格型”；20% 左右的人是“人裁”，这部分人可以被称为“淘汰型”，任何员工必居其一。

其中，“不可缺少型”的员工，要么是其拥有的技能和资源是公司不可或缺的；要么其工作能力突出，能在自己的工作岗位上凸显自己的工作价值。

刚毕业的小王和小李是一所“985”大学的同班同学，他们同时被某公司的同一部门录取。他们的顶头上司是在行业内非常资深、在公司打拼了多年的刘总。

有一次，刘总出差，走之前给他们同时布置了一项很重要的信息搜集和整理工作。要求他们尽可能多地搜集相关信息，两天内把整理好的信息文件发到他的微信上。

小王和小李都刚来公司不久，对这个行业和公司的了解并不深，刘总也没有告诉他们搜集信息的具体要求、途径、方法等。

小王有点不高兴了，私下跟小李说："刘总真是的，走之前也不把这项工作交代清楚。我们都刚毕业，刚来公司，人生地不熟的，上哪去搜集信息啊？"

小李笑了笑，说："今晚我们都回去想想办法吧。"

小王第 2 天"百度了一下"，把排在搜索结果前两页上的能找到的相关信息复制、粘贴，做成了一份 Word 文档，直接在微信上发给了刘总。

小李没有像小王那样着急。他找到了之前在该部门工作过，现在已经升职做另一个部门负责人的马经理，问他关于刘总安排这项工作的看法，以及信息搜集的途径。

马经理很忙，一开始并不想理会小李。后来小李再次拜访，甚至中午不吃饭在马经理的办公室外面等他。马经理觉得小李这个新人很积极，也很虚心好学，很像当年的自己，就耐心地告诉了小李应该找的人。

最后，马经理跟小李说："我把这几个人的电话给你，我一会儿也会跟他们打招呼。你就说是通过我找到他们的，他们会帮你搜集信息的。"

于是，小李逐个给他们打电话联络，搜集到了很多重要的内部数据和关键信息。小李把这些信息搜集好后，又花了一点时间把信息编辑成了图片 + 文字 + 表格的内容，通过 PPT 呈现，一目了然。之后，小李将 PPT 文件发送给了刘总。

往后的日子里，对其他的工作安排，小王和小李都保持着类似的做事风格。

1 年后，刘总就把全部重要的管理工作交给了小李，把那些可有可无且费力不讨好的事务型工作都交给了小王。

2 年后，小李的薪酬稳步上涨，小王还在原地踏步。

3 年后，小李被刘总提拔为这个部门的经理，进入管理层，而小王还在原岗位做那些重复性的事务型工作。

5 年后，小王默默辞掉了工作，到另一家公司继续做事务型工作；而小李，因为刘总晋升，他坐到了原来刘总的位置，挑起了大梁，独当一面。

为什么小王和小李的起点相同？命运却不同？

因为他们一个消极，另一个积极。

因为他们一个找借口，另一个想办法。

因为他们一个是过程导向，另一个是结果导向。

因为他们一个考虑的是方便自己，另一个考虑的是方便别人。

不同的态度，不同的思维，不同的行为，会产生不同的结果。

在上面这个故事中，刘总会花时间跟小王讲为什么自己不重用他吗？不会的。因为刘总说了又怎么样？小王听了就能明白？就能改变？就能达到小李的水准？对上级来说，下级多得是，这个不行，再换一个就是了。

许多职场人士搞不清楚公司和老板的需求到底是什么。有时候老板缺的往往不是钱，是时间。老板花钱雇员工，是为了“延长”自己有限的时间，提高自己在单位时间内的产出。老板是否愿意在一个人身上投资时间，只取决于这个人对公司是否具备不可替代性。

不可缺少的员工总是在做两种事情：一种是在创新中发现规律，从而开创全新的事业，引领未来；另一种则是日复一日地做着同一件事，少有差错，而且越做越好。前一种人侧重于创新决策，后一种人侧重于遵照执行，企业就是在这两种人的努力中循环往复地呈螺旋式前进。

不可缺少的员工，是中流砥柱，是发动机，是传动轴，是千斤顶；是实现目标的执行骨干，是既能锦上添花，也能雪中送炭的关键力量。

这样的员工一旦流失，组织必然呼吸不畅。

比周围人好一点

如何成为不可缺少的人呢？

如果只能用一句话回答，那就是比周围的人好一点。

比周围的人好一点，靠的不是精明，靠的是踏实，靠的是做什么就能把什么做好。

以前有人问我："你是当初想到会往现在这个方向发展，所以在职业领域上选择了人力资源管理吗？"

当然不是，人力资源管理不是我的最初选择，我只是误打误撞地进入了人力资源管理领域。客观讲，人力资源管理不算是个差领域，但也算不上非常好的领域。如果现在我可以重新选择，我大概率不会选这个领域。我对人力资源管理领域谈不上喜欢，但也不讨厌。我喜欢商业，人力资源管理和商业息息相关，所以也能接受。

我在还没落实工作的时候，租的房子周围有个大型超市招行政人事助理。也许因为工资低，没人愿做，我去面试后，就获得了那个岗位。那是个在世界 500 强企业中排前 50 的公司，但行政人事助理每月的工资只有 1250 元，扣完五险一金到手不到 900 元。

我那时住在天津市滨海新区，周围的商品房均价早就超过 1 万元 /m^2 了。离开上下铺后，我租住在能找到的最便宜的阁楼中，屋里只有一张单人床、一张桌子，房租每月 600 元。去掉房租，我每月剩下不到 300 元，除了吃穿用度，还要还债。在那个一碗面要 15 元的城市，300 元连吃半个月的饭都不够。

这是我人生中第一份像样的职业，我想着我要抓住这棵救命稻草。为了活下去，为了活得更好，我唯有拼命工作。对我个人来说，做生意，应追求利润最大化。在职场，就应追求升职加薪。

怎么做到呢？

（1）我工作效率高，别人用 3 小时做完的工作，我用 1 小时就能做完，而且做得比别人好。因为我不像有的人总想着如何偷懒，而是想着如何又快又好地完成工作。

（2）别人踩点上下班，我上班比别人早，还经常加班和通宵工作（无加班费）。当然我选择加班不全为工作，也是为了蹭饭。

（3）我不计较、不算计，领导经常布置给我非本职工作的事，别人都是想办法推掉，我却欣然接受，而且不惜用非上班时间去完成。

如果你是领导，发现手底下有个年轻人，他 1 个人能当 3 个人使，眼里全是工作，而且还不笨，你会怎么办？零售业管理岗位更替频繁，领导当然会优先提拔这样的人，所以我升职很快。

职场和商业世界都有大量“炮灰”。什么人会成为“炮灰”？心思没用在做事上的人。这类人不思考如何把事情做好，没有竞争力，必然成为“炮灰”。

这世界遵循赢家通吃的马太效应，不论在哪个领域，优秀都是必备项。只有成为“头部”，才有出头的机会。

我见过很多牛人，这些人无一例外都是实干家。我做上一份工作时，老板已72岁，他48岁才创业。已过古稀之年的他经历了无数沧桑，质朴无华，却富有智慧。我问他事业成功的秘诀，他的回答简单淳朴：“干什么，就好好干。”

在职场，如何成为一个企业不可缺少的人呢？

1. 永远做得比上级的要求多一点

只懂得“做好分内工作”的员工，早晚会被企业淘汰。我们要超越上级的期待，才能让上级对我们印象深刻。别只等着上级传授经验，等着上级教，等着上级带我们成长。我们可以靠自己的努力，做得比上级要求的更好。

2. 永远做得比周围的同事好一点

这是个竞争激烈的社会。说得抽象一点，我们的对手是自己；说得实际一点，我们在职场晋升道路上的对手其实是和我们做着同样工作的同事。这和“在训练场上是队友，在竞技场上是对手”的道理一样。那些总是比别人更积极、更优秀的人永远会获得更好的机会。

3. 发掘并锻炼自己的职场资本

职场资本，是指一个人在职场中具备的有别于他人的、相对稀缺的能力。这种独特的个人能力，是我们的潜在价值。一个人有职场资本的表现，通常是可以得到上级以及周围同事的认同，并使自己得到升职、加薪的机会。

4. 永远保持不断学习和提升个人修养的习惯

职场人士必须搭起一个不断学习和提升修养的框架。不搭框架，永远支撑不起自己的人生。人生需要大规划，而不要小经营。

这里的大规划，指的是我们对自己的知识框架的规划，对自己的人格框架的规划。不要小经营，是指不要把心思用在揣测领导喜欢什么这类事情上。要想成为一个企业不可或缺的人，就不要把自己的格局搞得太小，不要去算小账，不要耍小聪明，而要搭起不断学习和提升修养这个基本框架，靠自己在这个框架的基础上填充的内容，靠大智慧。

物以稀为贵，人以杰为尊。21 世纪是人才的时代，是知识经济的时代。优秀人才是稀缺资源，社会总是将优秀人才放在更重要的位置上。我们要在企业里做到优秀，做到卓越，做到有价值，就要努力让自己比周围的人好一点，成为企业不能缺少的员工。

Chapter 5

第5章 逆境翻盘

每个人在成长的过程中都免不了遇到挫折，经历磨难，陷入逆境。不同的是，有的人会因被逆境打倒而一蹶不振，有的人就算深陷泥潭也能勇往直前。每个人都具备逆境翻盘的能力，当你陷入最低谷时不要灰心，因为接下来你不论怎么走都是在走上坡路。

牛顿法则：如何应对嫉妒与排挤

牛顿力学有三大定律。

牛顿力学第 1 定律阐明了力的含义：力是改变物体运动状态的原因。一个人往哪个方向用力，就会让自己向那个方面偏移，从而收获哪方面的结果。往正道用力，将收获正面结果；往邪道用力，必收获反面结果。

牛顿力学第 2 定律阐明了力的效果：力能够使物体获得加速度。加速度有好有坏，积极的加速度是正能量，有助于个人发展；消极的加速度是负能量，对自身无益，应当远离。

牛顿力学第 3 定律阐明了力的本质：力是物体间的相互作用。这世界上的一切力都是相互作用的，行善之力是相互作用的，作恶之力也是相互作用的。常对人施以善举，必得福报；常对人施以恶行，必食恶果。

力在哪结果就在哪

牛顿力学第 1 定律告诉我们：一个人把力用在哪，结果就在哪。

我在职场时，我的一个“老油条”同事当着领导的面说：“任康磊工作出色，能不能总结一下自己的经验、方法供同事们学习呀？”

我乖乖把东西全整理出来分享了。后来那“老油条”说：“让这小子出风头！他把经验、方法都教给我们了，看他以后还有什么利用价值！”

我创业后，有个咨询公司老板说：“有个项目要考验你的水平，你把这个项目相关的方法论总结下来，发给我看看吧！”

我乖乖把 600 多页 PPT 全发给他了。后来那老板再没联系我，看他的朋友圈，他大概已接了那个项目，因为他的背景中放着我的 PPT。

后来，我成了畅销书作家，成了人力资源管理领域的头部 IP，商务合作不断。而那个“老油条”同事一切照旧、安于一隅；那个咨询公司老板的生意越来越冷清，他已经濒临破产。

试想一下，如果那个“老油条”同事在我分享经验、方法后，把心思用在和我一起研究这些经验、方法哪里需要补充、哪里可以完善，如何一起把工作做好上，他后来至少也能做到总监级别。如果那个咨询公司老板当年不是只想着剽窃我的知识成果，而是把心思用在和我一起开拓市场上，结果也不会是现在的样子。

别把力用在歪门邪道上，这是最基本的。但面对那些嫉妒与排挤我们的人，我们是不是要坚决反击呢？其实也不必。

牛顿第 1 定律对每个人都适用，我们把力用在哪儿，结果也会落在哪儿。

我们是要把力用在应对那些对我们不好的人或事上，还是把力用在服务那些对我们好的人或事上呢？当然是后者。前者对我们毫无益处，别把力用错了方向。

我以前有个女同事，她入职时大学刚毕业不久，聪明伶俐，工作勤快，任劳任怨，非常有潜力。我在部门中搭建人才梯队时，有意把她当储备干部培养。

一年后，我发现她在工作中明显松懈了。在一次绩效面谈中，我问她原因，她和我谈起一个老同事。她说那个老同事欺负她是新人，不仅平时排挤她，而且把脏活累活都给她做，明明大部分工作都是她完成的，但那个老同事不仅占着功劳，还将责任都推给她，并给我列举了种种事实证据。

我劝她不要这么想问题，并列举了我之前在职场的一些遭遇，对她说别把心思用在人与人的钩心斗角上，要把心思全都用在增强个人能力上，盯着自己的职业发展目标，那些没安好心的人终究会被社会淘汰。

半年后，我将那个排挤她的老同事“请”出团队。但她的工作状态不仅没改善，还每况愈下，我发现她学会了偷奸耍猾、敷衍了事、得过且过。我只能默默将她移出了储备干部的行列。

不久后，一个新来的小伙子找我诉苦，说他被老同事排挤，明明他做了大量工作，功劳都是老同事的，责任却都是他的，并给我列举了种种事实证据。而那个排挤他的老同事，正是她。

她终于活成了自己原来最讨厌的样子。不久后，我也将她“请”出了团队。

讨厌一个人时，我们不应把注意力放在自己讨厌的人身上，我们要做的应该是保护自己。我们始终应把所有注意力放在壮大自己上，而不是放在自己不想要、不喜欢的方向上。

如果大家都在一个维度竞争，互相讨厌、互相踩踏、互相伤害，最后谁都过不好。如果我们率先脱离这个维度，走自己的路，不受这些人的影响，专心发展提高自己，用不了几年，再回过头看，就会发现当时的很多人已经看不见了。

不要被别人牵着走

牛顿力学第 2 定律告诉我们：不要被别人的力牵着走，要自己为自己创造加速度。

我最早在网上发文章时，特别在意网友们的留言。最早看到有人留言对我恶语相向时，我是受不了的，一定要和他们争个高下，结果评论区成了“打嘴仗”的地方。

我有一次还把我们“打嘴仗”的前因后果和内容写成一篇文章发出来，结果对方词穷了，我沾沾自喜地觉得自己赢了。回过神来，才发现自己为了打赢“嘴仗”，查阅资料、引经据典、斟酌语言，来来回回竟浪费了好几天时间，太得不偿失了。

人很容易被小我控制，想与他人斗个输赢，争个结果。在这种抗争中，我们实际上是在不停地给自己灌注负能量，灌注得越多，反而越难抽身。当我与对方争斗时，证明我在心中的某个角落认为对方可能是对的，我想在这个抗争的过程中说服自己。

后来，我学会了远离“负能人”。所谓“负能人”，指的是那些自身存在着很多负能量，需要找个地方倾倒的人。这类人身上，可能充满了沮丧、愤恨、不满、算计、抱怨、嫉妒、仇视、烦恼、报复、绝望等负能量。

这类人无论看到谁都想要倾倒自己的负能量，当我们刚好经过这类人身边时，“负能人”就想尽一切办法把这些负能量往我们身上丢。“负能人”的宗旨就是，把负能量传递给别人。

和“负能人”较真，损失的只会是自己。

很久以前，我和一个朋友一起坐长途汽车，上车前乘务员明确说明要按号就座。当我俩上车后，发现我们的座位已经被两个彪形大汉占了，也许是我俩座位比较靠前，视野和空气都比较好的缘故吧。

朋友问了一句：“听乘务员说要按号就座，这里是我俩的位置。”

一位大汉不乐意了：“我就坐这怎么了？”

朋友笑了笑，平和地低声接着说：“您先别急，我没有要让两位离开的意思，只是想问问两位原本的座位在哪，我们去坐那边，免得我们盲目找座位坐下而占了别的乘客的座位。”

大汉瞅了他一眼，告诉了他座位号。朋友和我到车厢尾端坐了下来。我本想和这两个大汉争辩，却被朋友制止了。我当时为朋友的软弱有些脸红，觉得车上看到这一幕的人一定很看不起我们。

车开动时，我忍不住问朋友：“你如果怕，我可以跟他们理论啊。”

朋友笑了笑，说多一事不如少一事。我当时不理解，现在全想通了。

当遇到“负能人”时，最好的办法就是敬而远之，而不是迎头而上。一个微笑，挥一挥手，继续走自己的路就好了。有智慧的人绝对不会让“负能人”来掌控自己生活的任何一分钟。

面对“负能人”，我们不必在乎这些人是谁，更应当关心我们自己是谁，永远做自己，不受“负能人”的影响。

力总是相互出现的

大学时，我听郭德纲在相声中说一些同行排挤他的段子，觉得郭德纲这人有些矫情。同行之间各做各的，何必说别人呢？后来我发现是我那时太年轻了。同行之间确实会出现打击行为。

面对一些没有商业道德的同行，怎么办呢？

（1）不要学那些吃相难看的人。用户的眼睛是雪亮的，“小丑们”的所作所为都被用户看在眼里，用户会用行动投票的。

（2）自己好就说自己好，千万别通过说别人的不好来显示自己好，不好的市场自然会淘汰。如果我们认为别人百般不好，用户却非常认可，那我们就要重新审视自己了。

（3）放平心态，别自乱阵脚，把心思放在满足用户需求上。用户是最重要的人，我们要做好自己，服务好用户。

不要主动伤害别人，也不必对那些伤害过自己的人报之以恶。力总是相互出现的，那些通过各种方式伤害别人的人，也必然会伤到自己。多行不义必自毙，讲的就是这个道理。

信念法则：如何成为想成为的人

信念法则：信念是做事的助推力，人们能否做成某件事，与自身的信念有很大关系。如果人们坚信某件事能做成，这件事做成的概率会更大。如果人们始终不相信某件事能做成，这件事做成的概率几乎为零。不论我们想成为谁，想做成什么事，我们首先要对其充满信心。

靠意念让手指变长

我小时候贪玩，初三前学习成绩一直不太好。我虽然从小就知道自己不笨，但对学习不感兴趣，曾经有好几次尝试好好学习，后来发现都没什么效果。眼看接近中考，家人为我的学习成绩操碎了心，苦口婆心地跟我摆事实，讲道理，我却根本听不进去。

那时候我觉得自己不适合学习，因为我发现自己很难集中注意力，况且，每个人都有自己的长处，我只是还没有找到自己的长处。所以我当时对学习的态度是破罐子破摔，我也不相信在自己付出努力之后，学习成绩会变好。

有一年暑假，吃完晚饭，我陪着爷爷奶奶一起在楼下乘凉。奶奶跟我聊了一会儿我的学习成绩，看我心不在焉，就让我做一个意念游戏。这个游戏让我对自己有了新的认知，读者朋友们可以尝试做一下这个游戏。

这个游戏分 3 步进行。

第 1 步，在这 5 分钟内，你需要最大限度地保持专注，保证自己不被任何外界的人或事打扰。这一步非常重要，你需要有心理预期，提前准备。

第 2 步，双手合十放在胸前，让两个手掌的下端对齐，两根中指也要对齐。这一步要反复验证，看手掌下端和中指能不能对齐。大多数人在两只手掌的下端对齐的时候，中指也能对齐。可能有的人一只手长，一只手短，如果是这样也不要紧，这类朋友只需要先保证手掌下端对齐，然后记住此时两根中指的长短状态。

第 3 步，把两只手分开，举起左手，闭上眼睛，然后在心中想象左手的中指一直在变长，一直在生长，并在心中不断默念“变长、变长、变长”，当然，你也可以直接念出声来。

第 3 步非常关键，你要在心中想象自己的左手中指像金箍棒一样变长了，想象中指的骨骼在生长，想象中指在延伸，想象它越来越长，越来越长，越来越长，持续 5 分钟。注意在这一过程中要保证自己不被任何人或事打扰。注意，这时候你一定要坚定信念，一定要专注，一定要坚信自己的左手中指在生长，在变长。

做完这 3 步之后，按照第 2 步的方法把双手合十，再比较一下两根中指的长度，这时候你会发现什么呢？

做完这个游戏后，我被惊呆了，我没想到人的信念的作用竟可以如此强大——左手中指似乎真的变长了。这让我觉得，说不定我也可以像那些成绩好的同学一样考出好成绩。

怎么做到呢？只要我在学习时能像在玩这个游戏时那样专注，并且坚信自己能学会，能考好。抱着这样的信念，我开始尝试用功学习，后来我的成绩真的越来越好。

人生中，很多事能不能做成，首先要看自己是否相信自己能做成。

蜗牛也能爬上顶点

新东方创始人俞敏洪曾说他与他的北大同学相比，不过是一只慢慢爬的蜗牛。不过，凭借着尽力而为的韧性，他顺利地渡过了每一个难关，在英语培训领域特别有名。俞敏洪曾在文章中讲述过他的经历。

为了能走出农村，俞敏洪一连参加过3次高考。1978年第1次高考失利之后，他在家里开手扶拖拉机，插秧、割稻，这样干了两三个月。

大队初中教英语的老师怀孕回家生孩子去了，学生的英语课没有人上。校长听说他高考是考外语的，就找到他，问他能不能去教初一学生的英语。当时，老师的工资是20多元一个月，这个待遇在农村来说已经是很高的了。就这样，年仅16岁的他成了代课老师。

他边代课，边复习，这样复习了大概8个月以后，1979年的高考又开始了。这一年的高考，他的总分过了录取分数线，但英语只考了55分，而常熟师专的录取分数线变成了60分，他再度落榜。这个时候，那个英语老师也生完孩子回学校了，他的课也代不成了，只好再次回到了农村。

第 3 次复习变成了全职脱产学习。他带领同学一起拼命，早上带头起来晨读，和大家一起背单词、背课文、做题、讨论，晚上十点半熄灯以后，大家全部打着手电在被窝里背单词。这个班是 1979 年 10 月中旬开课的，到 1980 年春节的时候，他的成绩还排在倒数第 10 位。当年的寒假就放了一个礼拜，他一天没落，整天背课文。到了 1980 年 3 月份第 2 学期的时候，他的成绩就变成了全班第一。

1980 年的高考，他考了 387 分。当年，北大的录取分数线是 380 分。

他在北大学习期间有两件事一直令他感到苦闷，第 1 是普通话不好，第 2 是英语水平一塌糊涂。到大学四年级毕业时，他的成绩依然排在全班最后几名。但他当时已经有了一个良好的心态，他知道自己没有同学聪明，但他有一种能力，就是能持续不断地努力。

所以在他们班的毕业典礼上，他说了一段话，到现在他的一些同学还能记得，他说："大家都获得了优异的成绩，我是我们班的落在后面的同学。但是我想让同学们放心，我绝不放弃。你们 5 年干成的事情我干 10 年，你们 10 年干成的我干 20 年，你们 20 年干成的我干 40 年。"

有个故事说，能到达金字塔顶端的只有两种动物，一种是雄鹰，靠自己的天赋和翅膀飞了上去。北大有很多雄鹰式的人物，有的同学在学习上以常规的努力程度就能达到高峰，很轻松地在北大毕业后又进入哈佛、耶鲁、牛津、剑桥这样的名牌大学继续深造。还有另一种动物，也能到金字塔的顶端，那就是蜗牛。蜗牛只能爬上去，它从最底下爬到最上面可能要一年、两年。在金字塔顶端，人们也确实找到了蜗牛的痕迹。

俞敏洪在北大的时候，包括在今天，一直把自己比作一只蜗牛。他一直在爬，也许还没有爬到金字塔的顶端。但是只要在爬，他就足以给自己留下令生命感动的痕迹。

在马和骆驼这两种动物中，俞敏洪比较喜欢骆驼。因为马做什么都比骆驼快，但骆驼一生走过的路是马的两倍。俞敏洪说，人应具有骆驼精神，而不是骏马精神。品种再优良的骏马，即使一刻不停息地奔跑，也总有一天会停止；而骆驼要走完沙漠中的漫漫长路，则需要具有非凡的韧劲，并且它始终相信前方一定会出现绿洲。

俞敏洪曾在一个电视节目里讲过一个关于面粉的道理。一堆面粉放在桌子上，你用手一拍，面粉就散了。这就像是大多数人面对挫折的心态。但是如果往面粉里加一点水再拍，面粉就不容易散了。如果再加点水，揉一揉，面粉就变成了面团。这个时候，不管我们怎么拍，它都不会散，而且还不会被轻而易举地折断。具备了这样的韧劲，我们才能在社会上生存。

自证预言决定命运

有什么样的信念就会有什么样的行为，不同的信念导致不同的人生成就。当一个信念在限制我们更好地提升、获得更多可能性、取得更多收益的时候，这个信念就变成了限制性信念（Limiting Beliefs）。这种信念直接给予人行为上的限制，当我在思想上认为一件事是不可能做成的时候，我在行动上就不会去做，自然就不会有什么好结果。

在印度，大象是用来搬运货物的工具。当大象在不需要工作的时候，那些工人用一条很小的绳子就可以把一头接近 5 吨重的大象牢牢地锁在一旁。大象既不挣扎，也不叫喊，只会乖乖地、安静地站着。为什么会这样？其实绳子并不在大象身上，而是在大象脑中。

当大象还幼小的时候，驯象师会用一条很粗的锁链把小象套住，就是这样的长期训练，小象在脑海中形成了一个信念：我是不能够逃跑的。这个信念深深地烙印在它的大脑中，即使它成年后，可以轻而易举地把绳子扯断，它也不会尝试这样做。

在每个人的成长过程中，或多或少的都会被类似的绳子缠住。就如那头大象一样，很多限制性信念一直在无意识地影响着我们的人生。我们经常会听到有人告诉我们“你是做不到的”，而我们往往轻易地信以为真。这些声音可能源于我们的父母、师长，也可能源于与我们比较亲密的同学、朋友，甚至源于我们自己。

我在小时候虽然学习成绩不好，却在其他事情上“盲目自信”，我总是相信自己能做出一些常人做不到的事。家人全都很反感我的这种自信，认为我是一个不切实际、好高骛远的人，一直教育我要踏踏实实地做人。

小时候看《灌篮高手》，主角樱木花道常说自己是天才，不知为啥，我也觉得自己是天才。

我的自信来源于哪里呢？主要来源于玩游戏。我和几个发小一起玩一款游戏，我总是能玩得比他们好。暴雪娱乐公司（Blizzard Entertainment）的经典游戏《星际争霸》让即时战略类游戏火爆了起来。我看表哥玩了一遍就全学会了，后来很长一段时间我都是一个人对战两个人。上大学后，我喜欢玩《魔兽争霸3》，我也是一个人对战两个同学。

然而，当初创业失败加上几次被骗的经历曾经让我彻底失去信念，觉得自己是天底下最傻的人。后来事业稳步发展，我渐渐拾起了当初的信心。

我的第1本书出版后，朋友们纷纷送来祝福。其中有个朋友在她所在的领域里拥有出色的能力和充足的经验，当她说很羡慕我能有自己的作品时，我告诉她她也可以出书。但她轻描淡写地回的一句话，让我久久难忘，她说："我哪有那个本事啊。"

心理学中有个词叫"自证预言"，指人们坚信自己是什么样子，最后就会活成什么样子。不是因为人们本来该活成那个样子，是人们以为自己是那个样子，所以活成了那个样子。

我这个朋友相信自己不能出书，所以就算她的能力是足够出书的，她依然觉得自己不能出书。这种"我不配"的心理障碍，就是自证预言在作祟。

写书哥经常拿我当案例讲出书其实没那么难，只要有一定的积累，沉下心来总结，就算一开始文字表达能力差，也可以通过持续出书得到提升。写书哥的社群中也确实有不少从零开始练习写作，最后顺利出书的人。

如果有人坚信自己是蚂蚁，就会活成蚂蚁，而且会为自己成为蚂蚁寻找很多"合理"的证据。如果有人坚信自己是老虎，很可能会活成老虎，就算最后因为诸多不可控因素没有成为老虎，但至少不会活成蚂蚁。

退路法则：如何义无反顾地做事

退路法则：如果还有退路，人就永远不会义无反顾地做事。破釜沉舟不是一种策略，而是一种精神，这种不给自己留退路的精神，往往能激发出人的潜能，让人更容易在逆境翻盘，更容易把事情做成。

必须做成时，要如何做到

辞职创业前，我对未来到底要做什么思考了很久。就算是在人力资源管理领域，也有很多具体方向可选，比如我可以在职场不断跳槽，熬资历得高薪；可以加入管理咨询公司，成为咨询师；可以加入培训公司，做全职讲师；也可以做乙方，例如猎头。

这么多选择背后，有个核心问题：我要继续打工，还是创业？经过一番思考，我选择了创业，我希望能实现自我掌控。

我在第 3 本书刚出版还开售时就辞职了，我为什么不等势能积累得够多之后再创业呢？

（1）我如果继续待在企业，我永远都有退路，就算失败了，可能也有工资。破釜沉舟，让自己没有退路，我才会义无反顾地前行。不逼自己一把，怎么知道自己到底能做到什么程度呢？

（2）打工要花时间做好本职工作，我不能全心全意地进行创业。写完第 3 本书后，我已经决定至少要再写 30 本书，写满人力资源管理全品类，这需要大量的整块的时间，用业余时间写是断然不行的。

我这种做法适合所有人吗？不适合。

如果一个刚毕业的大学生问我是否应该创业，我一定不建议他这么做。因为刚毕业的大学生社会阅历尚浅，就像之前的我，自己觉得自己还挺有能耐的，结果被社会“一顿毒打”。

如果一个人在某领域已经有 10 年以上经验（这里是指真经验，不是指仅将一件事重复做了 10 年），他在职业上遇到瓶颈，问我该不该创业，我也不建议他创业。

为什么呢？

因为创业要承担自己养活自己的责任，大多数人创业的成功率不到 5%，我国创业企业的平均寿命也就两三年。一个人如果还要问别人“要不要创业”，而不是自己下定决心，不是自己早有觉悟，那么他最好别创业。

那些一门心思想创业，想把事情做好的人都不一定能做成，更不要说那种犹犹豫豫，自己拿不定主意，还要问别人意见的人。

有一类人，想做什么，不想做什么，自己都想不明白。

有一类人能想明白自己想做什么，不想做什么，但迟迟不愿行动。

我呢？我想明白自己该做什么以后，不是继续想，而是马上做。

很多人在思考：“我想做成某件事，我能不能做成呢？”

而我在思考：“我必须做成某件事，我该怎么做到呢？”

逼自己一把，发现新世界

哭的时候没人哄，我们学会了坚强；怕的时候没人陪，我们学会了勇敢；烦的时候没人问，我们学会了承受；累的时候没人担心，我们学会了自立。就这样，我们在被逼无奈之下，找到了自己。人，也许都是被逼出来的。

有一部根据真实事件改编的经典励志电影《当幸福来敲门》（*The Pursuit of Happyness*），讲的是一位穷途潦倒的单亲爸爸 Chris，因事业失败无家可归，却还得担起抚养儿子的重担。为了儿子的未来，他重新振作，终于皇天不负苦心人，他成为知名企业的金融投资家。

他始终相信：只要今天够努力，明天幸福就会来临。

故事中的 Chris：

不得不提着重重的医疗仪器四处奔走推销；

不得不时时挂念着自己 5 岁的儿子；

不得不义务粉刷墙壁，只因交不上房租；

不得不全力以赴地“实习”4 个月，哪怕没有薪水，哪怕不确定自己是否会被录用；

不得不在警察局里过夜，只因没钱交汽车罚单；

不得不抱着儿子在厕所过夜，只因无处可去；

不得不在下班后狂奔，只为排队获得进收容所的机会；

不得不在被车撞丢一只鞋子后，立刻爬起来跑回去工作；

在经历了这么多的“不得不”之后，Chris 最终在获得工作机会的那一刻感到了莫大的幸福。这幸福是被“逼”出来的！

不少的书籍和培训在教人们如何管理好自己的时间，如何做到将处理要事放在首位，如何集中精力，如何做出抉择。也许，那些方法、规则或技巧只可以管一时之用。也许，最有效的方法是逼自己，将自己逼到无路可退。那时，我们无法选择，不得不做好当下应做的事。也许，我们需要常常假想自己是头羚羊，且我们的身后有头狮子在追自己。

当然，一定的压力能激发人的潜能，但过度的压力往往会压得人喘不过气来。当压力过大时，我们要强迫自己冷静下来，想出行之有效的方法去应对，而不是怒不可遏，满腹牢骚。

一剪寒梅之所以能怒放自己的生命，不是因为春天来临，而是缘于自身的坚毅。

学习没交费，永远学不会

不知道您身边有没有以下几类人。

想要跳槽，但是害怕破坏自己在老公司同事眼里忠诚、忠厚的形象，害怕适应不了新公司的氛围和节奏，害怕在新公司工作一段时间以后还是一样不开心，一样没前途和“钱途”，可能还会跳槽。最后，还是不跳槽了，凑合着继续干吧。

想来一场说走就走的旅行，但是害怕请假以后自己手上的工作没人管，害怕因为这个把工作丢了，而重新找工作又很难，害怕要去旅行的地方不像别人说的那么美。最后，还是不旅行了，在网上找点图片过过眼瘾吧。

想跟某位异性表白，但是害怕他 / 她可能已经有对象了，害怕由于自己不是对方喜欢的类型而在表白了以后被对方拒绝，害怕自己先表白的这种主动在未来成为两性关系中的被动。最后，还是不表白了，继续暗恋吧。

想写一本书，但是害怕写出来以后没有出版社愿意出版，害怕出版了以后没有人愿意看，害怕看的人多了之后被高手笑话自己的文笔。最后，还是不写书了，把才华都藏在日记本里面吧。

很多人唯唯诺诺不敢前行，是因为害怕失败，怕自己努力之后没有结果，怕自己被失败击垮。

其实失败本不存在，它是人们自己定义出来的一种感觉。与其说害怕失败，不如说害怕别人看低自己，这在本质上是一种虚荣心理。如果我不行动，失败了尚有说辞。如果我采取了行动，失败了便无颜过江东。所以，我不如选择不行动，因为行动后，别人有看低自己的可能性，这不安全，所以还是不行动为好。

在硅谷，失败被认为是一种“荣誉勋章”，因为在硅谷，如果你没有失败过，这就代表你不敢尝试。如果你没有经历过大的失败，那么你可能就不会有远大的目标。

史蒂夫·乔布斯（Steve Jobs）曾说：成功源于华丽的失败。通过阅读《乔布斯失去的十年》，我对他有了更新的认识。

在乔布斯 30 岁的时候，他被董事会从他一手创立的公司中赶走。这是乔布斯神话中最悲情也最传奇的一幕。回到当时的场景，乔布斯那时尚不是一个好的 CEO。他的确在产品和营销上有过人之处，但是他也有“很难被管理”的问题。连一心想要跟乔布斯维持好关系的约翰·斯卡利（John Sculley）也难同乔布斯共事。

“对于史蒂夫来说，最好的事情就是我们解雇了他，叫他离开。”亚瑟·罗克（苹果公司董事，硅谷的风险投资家）之后说。许多人认为，这种严厉的爱让乔布斯更明智，更成熟。但事情并非如此简单。

离开苹果后，在自己创建的新公司里，没有了董事会和合作者的约束，乔布斯自由了。他可以将自己认可的东西做到极致，他能够释放自己的所有天性，比如对设计的偏好，对封闭的狂热。他设计了一系列炫目的产品，但收获的是市场失败的重挫。挫折的教益让他认识到完美主义的弊端，从而让他成为一个更好的 CEO。

乔布斯总是爱说“nothing to lose”，他曾建议年轻人说，年轻人最大的优势就是什么也没有，所以什么也不会失去，要趁着年轻去做一番事业。

在皮克斯（pixar）时，乔布斯曾说：“我当然也不想失败，我做事情之前也会有很多的顾虑，要考虑这会对皮克斯有什么影响，会不会影响我的家庭，会不会影响我的名誉。但是我最后决定去做，因为这是我想做的事情。如果我尽了自己最大的努力却失败了，那至少我已经尽了最大的努力，结果最坏又能坏到什么样呢？”

行动者的伟大，不在于没有畏惧之心，而在于总能在害怕的同时，以害怕为伴，继续前进。正如马斯克所说：“如果恐惧是不理性的，那么你就应该忘记它；如果恐惧是理性的，而且风险也确实很高，那么你应该正视它，并继续前进。”

懂了那么多道理，看过那么多故事，做事就能一帆风顺了吗？当然不能，坎坷是每个人都要经历的，失败也可能随之而来。

失败是什么？失败是挫折与痛苦，但也是宝贵的财富。成功和失败都会让人成长，成功会让人长叶，失败能让人长根。

我在成长的过程中交了大量“学费”，有时间、有金钱、有感情、有汗水，我虽满是伤痕，却也收获颇丰。失败会令我痛苦，但令我痛苦的也必然会使我强大。

人的标签可以被抹去，但抹不去的，是经历失败后继续前进的勇气。人可以被打倒，但打不倒的，是人们勇往直前的精神。

一切失败都是为下次崛起交的“学费”。不要唯唯诺诺，不要害怕失败，放手去做，大步前行！

边际法则：如何付出一份努力收获多份回报

经济学中的边际成本概念在个人价值变现中同样适用。人的每个行为在对应某种预期收益的同时，也对应着某种成本或付出。成本是投资，收益是回报，所以人的每个行为都可以计算投资回报率。

很多时候，人们付出一份努力只能获得一份回报，但在有些情况下，人们付出一份努力不仅可以获得多份回报，而且可以持久地获得回报。此时代表这份努力的边际成本很低。尽可能做边际成本低的事，让自己付出一份努力，就能持久、多次地获得回报。

写作在我看来是最好的投资

我有个亲戚以前做生意发了财，当时已经实现了财务自由。但他认为钱总是会贬值的，在房地产发展的黄金时期，他买了许多商铺出租，这样既解决了钱贬值的问题，又解决了投资问题。

他那时的决策是正确的，因为做生意很累，风险还大。借着房地产发展的春风，买了商铺之后，他的资产水涨船高。看形势一片大好，他就不再做生意，40 多岁就彻底退休收租了。

我在创业前，去找他聊了聊，说了一下我的大致想法。但他听到我将以写书起步后，非常不屑地说："写书能赚几个钱，还是不动产靠谱。"

随着互联网经济崛起，房地产热度下降，商铺的行情变得越来越差，渐渐租不出去，也卖不出去了。而我后来每月的稿费比他收的房租还高。

经济有周期波动，三十年河东，三十年河西。到底什么是最优质的资产？什么是最保值的投资？不是房地产，不是股票，也不是贵金属。答案一定是投资自己。让自己的能力成为最有价值的资产，才能持续变现，才能终身受益。

什么是投资自己最好的方向呢？

对没有资源优势的普通人来说，写作可能是最合适的。这不仅是因为写作是种技能，本身可以让人成长，还因为写作这项技能天然具备低边际成本的属性，能够让我们付出一份努力获得多份回报。

时间是稀缺资源，时间面前人人平等。我们每天都有 24 小时，去掉吃饭、睡觉、娱乐所用的时间，真正用来创造价值的时间是有限的。在时间利用上，有以下 3 个层次。

1. 利用自己的时间

这种情况多见于普通上班族，每天工作 8 小时，赚取工资。精力充沛的人有副业，利用业余时间多赚一些钱。利用自己的时间的优势是付出就有收获，其劣势是时间有限，收入也有限。

2. 利用别人的时间

这种情况多见于公司老板，他们招募员工，购买员工的时间，让员工为他工作；通过员工强化自己的能力，让自己的效率显著提高。利用别人的时间的优势是可以让回报呈指数增长，成倍扩大赢利；其劣势是亏损概率大，一不小心就会损失惨重。

3. 购买老板的时间

这种情况多见于投资人，他们站在更高的层次，向靠谱的老板投资，让其公司规模迅速变大，以从中赚取投资收益。购买老板的时间难度更高，投资人不仅要很有钱，还要能扛得住失败，因为投 100 个项目，成功一个就很不错了。

在时间利用的 3 个层次中，利用自己的时间的普通人只能干一天活，赚一份钱，完全不能偷懒。如果哪天不想工作了，想用 3 个月的时间去游山玩水，那这 3 个月就会没有收入。

如何破解这个难题呢？写作是个绝佳选项，原因如下。

1. 跨越时间

写作并非适时交付，写作的内容可以流传很久。经典的文学作品可以一直流传下去，被后人持续传颂。

2. 跨越空间

未来，信息交流将越来越便捷。从理论上说，文字只要发到互联网上，就可以触及互联网中的所有人。通过互联网，我们在某个固定空间生成的文字，能够传达到全球任何拥有互联网的角落。

3. 知识有多种呈现形式

如今的知识可以有很多种载体，例如文字、音频、视频等。如果知识是优质的，就可以被反复使用。不仅如此，如今的知识还可以实现多平台分发。我们可以将同样的文字内容发布在多个自媒体平台上，每个平台都有不同的受众。

写作，能够让我们不再受时间、空间和形式的限制，能让我们的文字跨越时间、跨越空间、突破媒介。

写作可以扩展多份收益

我身边有些写书的朋友只会老老实实地写书。

一个工具类畅销书作家曾经问我："我看很多人在做线上课和线下课，我要不要也做呢？"

我给他提出了意见："如果写书，一定要同时做课；如果做课，一定要同时写书。"

为什么？

因为书的内容既可以转化为线上课的逐字稿，也可以转化为线下课的内容；线上课的逐字稿既可以转化成书的内容，也可以转化成线下课内容；线下课的内容可以分别转化成书和线上课的内容。一次付出后，将得到的内容应用于多种产品，不仅可以降低成本，提高收益，而且可以扩大影响力。

我的线上课在对应的中国人力资源管理品类中名列前茅，怎么做到的呢？

两个字，量大。

1. 品类丰富

图书 + 线上课可以丰富品类，进而完善产品线，增加影响力。不算免费课，我的线上课共有 12 套，既有音频课，也有视频课。其中一套课程包含 520 节课，90 多个学时。

2. 多点投放

多品类能够实现多点投放，扩大覆盖范围。我的线上课在 15 个线上教育平台和 5 个综合学习平台上投放，形成图书 + 线上课的模式。

我的线上课为什么不像图书一样，只和一家平台合作呢？

因为如果想让线上课尽可能地覆盖全网，只和一家线上教育平台合作是行不通的。目前，线上教育没有一家独大的平台，市场分布比较平均。如果只和其中一家合作，就等于放弃了另一部分市场。

这一点与我的线下课和咨询项目类似，与图书不同。就图书而言，我与一个策划人、一家出版社合作，就几乎可以让图书触达所有主要的消费终端。但线上课需要与多平台合作，才能实现全网投放。

为什么要全网投放？

因为这样可以尽可能多地触达消费终端，使存在感最大化。我的目标是，如果你是 HR，你可以不买我的书，可以不买我的课，但你不可以不知道我是谁。

线上课有几种形态？按价格，线上课可以分为以下 5 种形态。

（1）引流产品：免费或超低价格的产品，能最大限度吸引眼球，但没有利润。

（2）走量产品：39 ～ 299 元的特定主题直播或录播课。单价低，C 端有购买力，但扣除在渠道、包装、运营等方面的费用后，利润较低，有半引流的作用。

（3）训练营产品：300 ～ 999 元的持续 21 天左右的直播或录播课。利润空间较大，但用户期待高，我们要能保证互动，运营投入常难以满足用户需求。

（4）打包课产品：1000 ～ 4999 元的证书类或整体打包的直播或录播课。利润空间大，有官方证书是最好的，没有官方证书的话，对营销能力要求较高。

（5）高端社群产品：5000 元以上的产品。利润空间大，但必须提供足够的购买理由，保证优质运营。

知识内容产品具有互通性，书和课是对好搭档。书可以为课赋予势能，可以做课的教材，课可以在书的基础上创造更高收益。由此可见，掌握写作能力后，可以扩展出多份收益。

写作能够打破圈层边界

1964 年，英国 BBC 电视台播出了一部著名的纪录片——《人生七年》。这部纪录片的导演是迈克尔 · 艾普特（Michael Apted）。他采访了来自英国不同阶层的孩子，他们有的来自孤儿院，有的来自上层社会。此后每隔 7 年，导演都会追踪这些人的近况。

很多人在看完这部纪录片后，感慨社会圈层的固化。“龙生龙，凤生凤，老鼠的孩子会打洞”，这部纪录片的内容仿佛在传达给人们这样一个朴素的道理。人们的出身决定着自身未来的发展，社会圈层边界似乎是很难打破的。

然而，很多原本生活不如意的人通过写作改变了自己的圈层，让自己在原本的社会圈层的基础上实现了跃迁式发展。

《哈利 · 波特》的作者 J.K. 罗琳（J.K. Rowling）出生在英国的一个普通家庭，父母都是普通的工薪阶层。J.K. 罗琳在没写出《哈利 · 波特》之前，曾是无业游民，和女儿一起住在一间简陋的小公寓里。当时，没有收入的她靠微薄的失业金养活着自己和女儿。

不说远的，说说发生在我身边的事。

我有一个朋友的朋友，男性，在我写这本书的 1 年前，他的主要身份是北京一家 30 人规模的公司的总经理，他的另一个身份是畅销书作家，在一个很出名的学习平台上有自己的线上课。

再往前看 5 年，他那时的身份只是一个读书爱好者，刚进职场不久，跟着导师在职场上打拼。在我写这本书时，他的身份已经是查理 · 芒格

（Charlie Munger）在中国的合伙人之一。

查理·芒格是巴菲特的搭档。查理·芒格和巴菲特联手打造了伯克希尔·哈撒韦公司的投资神话。

我朋友回忆起他的这位朋友时，说他们曾经举办过一场思想会，参与的每个人都要说出一个和自己兴趣相关的“大目标”。我朋友的这位朋友说他对思维模型很感兴趣，因为思维模型非常有利于解决问题。思维模型这个词是谁发明的呢？就是查理·芒格。所以他当时就给自己定了一个大目标，说自己在有生之年，要和查理·芒格建立联系。

当时在场的人没有一个人相信他，大家不信他的原因不仅是因为他那时还只是个普通人，还因为那时查理·芒格已经 90 岁了。一个普通的年轻人，说自己在有生之年要和查理·芒格建立联系，这个年轻人可以一边奋斗一边等，可谁知道查理·芒格能不能等呢。没想到他的这个大目标真的实现了。

他是如何实现这个目标的呢？

据他自己回忆说，他当初其实也不敢相信这个目标能实现。但因为有了这个宏大的目标，他在做决策、做事情时都会朝这个方向前进。而他做的第 1 件事，就是写成了一本关于思维模型的畅销书。

从写这本书开始，他和查理·芒格之间就形成了某种联系。从他书的上市到畅销，他与查理·芒格之间的距离越来越近。查理·芒格会知道他，并对他产生兴趣，这本书起到了很大的助推作用。据他说，他现在所处的圈层，看世界的眼界和高度，已经和原来完全不同了。

Chapter 6

第6章 势能积累

一个人的内部成长包括思维、格局、眼界、知识的成长，其外部成长则主要体现在势能的成长上。一切价值变现归根结底都是势能的变现，势能可以带来竞争力。外部成长来源于内部积累，对普通人来说，积累势能的最好方法是不断学习。

直线法则：如何高效率地做事

直线法则：两点之间，直线的距离最短，做人做事也是这个道理。坦率直爽的沟通能快速达成目的，简单纯粹的性格更容易受欢迎，以率真直接的做事风格做事效率较高。当不知道该怎么做时，我们永远可以让自己做一个简单的人。

说什么都不如说真话

我刚进入职场时，就听身边很多人说职场的钩心斗角和尔虞我诈。一开始我还以为这是职场发展的真理，但我后来发现说这些话的人，都是多年在职业上没有发展的“老油条”员工。这就有意思了，如果这些人看得这么明白，那为什么在职业上却没有发展呢？

答案显而易见，这些人对职场所持的看法是错的。职场中有没有钩心斗角和尔虞我诈呢？肯定有。但这是不是职场发展的核心呢？一定不是。职场发展的核心是什么？是一个人为组织创造价值的能力。

如果一个人不保持简单直接的心态，义无反顾地增强自己为组织创造价值的能力，而总是把精力放在钩心斗角和尔虞我诈上面，其职业发展必然会走向歧途。

税后年薪千万的人成为我的导师是因为我运气好赶上了吗？其实不是，我的导师看重我是因为我没有那么多花花肠子，敢于说真话。

诚实的沟通效率最高

诚实是个很俗的话题，却很少有人能真正做到。难在哪里呢？难在多数人以为有些时候选择不诚实是对自己有利的，以为虚伪和阿谀奉承是自己安身立命的根本，以为懂得投机、厚黑、奸诈之人，更容易获得财富。

但诚实是一种效率很高的策略。为什么这么说？我们不需要从中华民族 5000 年传统美德这个角度去说，就遵从“经济人假设”，把人看成是完全以追求自身利益最大化为目的而进行经济活动的主体。每个主体都希望以尽可能少的付出，获得最大限度的回报。那么，人为什么应当诚实呢？

1. 诚实可以提高效益

人无法完全孤立地活下去。一个人的力量有限，为了活下去，人与人之间必然要相互支撑，相互帮助，相互合作。但天下之大，一个人为何偏偏与 A 合作，不与 B 合作？为何偏偏与 A 交心，不与 B 交心？为何要提拔 A，而不提拔 B？虚伪的人、欺骗别人的人，当然不会被人们选为合作对象。人只有具备基本的诚实，才存在被选为合作对象的可能性。

2. 诚实可以提高效率

不诚实就需要编造谎言。编造一个谎言之后就需要编造更多的谎言来圆这个谎言。最终，人们要浪费巨大的精力和时间去编造一个尽可能没有漏洞的谎言信息网。若人们选择诚实，人们就可以将精力和时间用在做更有意义的事情上。诚实，能让人们节省猜忌彼此的时间，将更多的精力和时间用于思考怎么做好事情而非怎么处理谎言。

3. 诚实可以降低成本

人们倾向于选择成本最小的途径。诚实就像背书，能大幅降低交易成本。任何交易都存在违约的可能性，所以双方在交易过程中会提出各种条款来减少这种可能性。由不诚实带来的精神压力，会显著增加个人选择、决策和思考的时间成本。但如果双方都诚实守信，这一时间成本便能大大减少。

4. 诚实可以减少风险

只有诚实才能真正解决问题，欺骗或隐瞒都无法从根本上解决问题。相反，一味地欺骗或隐瞒会让已经出现的问题越来越严重。

当进入管理层后，每当我有机会跟新入职的员工交流时，我都会对新员工说："当你遇到事情不知道该怎么处理的时候，请记住一个原则——以诚实的态度，坚持为公司利益做正确的事。即使你所做出的行为产生了一些不良影响，公司也会支持你！"

简单能换来职业发展

在职场时，我一直延续着简单直接的沟通方式和做事原则。这种风格没有像很多"老油条"或"好心人"想的那样，让我的路越走越窄，反而让我越来越受欢迎。

我在一家公司工作时，公司的老板有个亲戚叫Sunny，在子公司的某部门工作。这个部门的正常编制为5人（不包括部门负责人），多了Sunny后超编1人。部门负责人很头疼，因为另外5人都很优秀，工作也比较认真踏实。只有Sunny，仗着是老板的亲戚，总是想尽办法偷懒耍滑。

该部门负责人找到我诉苦，说她的工作没法做了，本来挺好的一个部门，因为来了Sunny，搞得大家人心涣散。现在老板又让裁员，总不可能裁Sunny吧？那不是等于得罪老板吗？但如果从这5个真正认真工作的人中选一个裁掉，部门的正常工作必然受影响。

对我来说，在这种情况下，通常有4个选择。

（1）装傻，假装不知道有裁员这件事，这种选择最安全。在这样的情境下，我知道了，可是我无能为力，这很"正常"。我不做，是因为我不知道该怎么办呀。谁知道该怎么办呢？多做多错，少做少错，不做不错。做出这种选择的缺点是会被人视为不作为。

（2）做到“想得开、识大体”，在遵照公司指示的同时要考虑老板的感受。做出这种选择意味着自己选择站在老板这一边：老板的话要听，老板的利益要维护，如果有和老板意见违背的情况，完全以老板的意见为准。做出这种选择的缺点是自己会一味盲从，有时候老板的决定不全是对公司有利的，自己可能因为盲从而渐渐失去群众基础。

（3）找老板说清楚。做出这种选择有利于免责，是把问题又推了回去。你把球踢给我，我再把球踢回给你。你把球踢给我的意思，是你想我给你踢，我踢回给你的意思是告诉你，这种事你跟我说了没用，我也想解决，不想不管，可是我解决不了，所以我告诉你这个问题的正解就是你要自己去找老板解决，而不是通过我解决。做出这种选择的缺点是可能会被认为不担当、推卸责任。

（4）找老板反映这个情况。这种选择最冒险，如果没有金刚钻，最好别揽这瓷器活，不然很可能会引火烧身。不过高风险往往蕴含着高收益。人们的选择和行为，告诉了别人是自己谁。

我最终建议她简单地处理，直截了当地找老板说明整个情况。当然，找老板说明情况也是有技巧的。

（1）要在老板心情好的时候找他，不然的话等于自己往枪口上撞。战略上可以简单直接，但战术上可能百转千回。

（2）要在早上第 1 个找老板，这时他的头脑比较清醒，而且心情还没有被坏消息影响。

（3）要站在维护公司利益的角度向老板说明情况，同时表明自己的态度。

（4）不要给出建议和方案，让老板自己决定。

她这样做之后，老板并没有过多思考，坚定地把 Sunny 调出了那个部门，把她安排到了一个行政岗位。

Sunny 调到行政岗位后，涉及薪酬调整。她原来的岗位属于车间一线，月工资和生产加班时间有关，每月浮动，平均水平大约为 5000 元 / 月。而现在是普通行政岗位，根据岗位性质和她的能力，她的月固定工资应为 3600 元 / 月。

按理说确定 Sunny 的工资需要人力资源部核定。可是她竟然自己写了张工资申请单找老板签了字，给自己定了 4800 元 / 月的固定工资。然后，她托别人把这张单子交到了我手上。

拿到这张单子，我有两种选择：一是认了，老板都签字了，我也不必计较太多；二是再找老板说这件事，公司所有人都要在统一的薪酬体系之下接受管理，不能为个别人“开后门”，不然公司以后还怎么管理其他人。

怎么办呢？我遵循简单直接的原则，选择了第 2 种。

老板听我汇报完情况后说：“就按照公司的薪酬体系给她定工资！”

这件事过去约一周后，在一次会议上，公司另外一个部门总监小声对我说，总经理跟他说老板对我的评价非常好，老板创业 30 年，很少遇到有干部为了维护公司利益而主动找老板探讨老板已经定好或已签字认可的事情，让他要向我学习。

没有一个老板不是以公司利益为重的，没有一个老板不喜欢能为自己创造价值的人。简单纯粹更容易聚焦重点，更容易让自己的价值越来越大，是最有效的做人、做事的方法。

延伸法则：如何搭建知识体系

搭建知识体系就像建造一座大厦，这座大厦的每个房间就是一个知识模块。要完善知识体系，首先要看到这座大厦的全貌，明确大厦的形态，然后一个房间接一个房间地扩展建造运用延伸法则。经过一段时间积累后，属于自己的知识体系大厦就能建立起来。

知识体系大厦要达到一定规模后才能发挥作用，而创业、发展副业、职业发展都需要有一定的知识体系做支撑。延伸自己的知识体系，不仅能扩充知识体系的边界，还能增强自己创造价值的能力。

问题是知道得太少

我经常听到这样一种思考模式，以宝妈为例。

一位妈妈有了孩子后，辞去了原来的工作，做起了全职宝妈，开始学习育儿知识，学着学着，发现自己知道了很多这个领域的知识。随着孩子渐渐长大，自己又没有工作，这个宝妈见到微博上有很多育儿博主，觉得自己也可以走做育儿博主这条路，通过分享育儿知识、做育儿咨询或者带货变现。但真的开始做之后，她才发现很多问题。

1. 运营微博不专业

她在开始运营微博后，发现自己写的东西没人看，既没有流量，“粉丝”数量也增长缓慢，于是她陷入了深深的焦虑，不知道是自己写的内容有问题，还是没有找到运营微博的正确方法。

2. 育儿知识不专业

和那些“大 V”相比，她的专业性不够，她以为自己知道的已经很多了，但真的要将知道的总结成文字内容，发现既总结不了多少，也做不成课，更写不成书。偶尔有一对一咨询的机会，她却发现自己在咨询方面也很不专业，根本帮不了别人。

3. 商品管理不专业

她想要带货，但不知道如何选品，不知道如何谈判，不知道如何做供应链管理，不知道如何做客服管理，不懂物流，不懂定价，不懂存储，不懂销售，结果也没有做成。

这个宝妈原本以为自己知道的很多，可以用这些知识来变现。其实她的问题不是知道的太多，而是知道的太少。

因为知道的太少，学习新知识对她来说像是进入了一个全新的领域，经过一段时间的学习，她确实会觉得自己在这个领域有了一定积累。但是和一直聚焦在这个领域、摸爬滚打了很多年的人相比，她知道的真的太少了。

以为自己可以做，和自己实际上可以做，是两回事。初生牛犊不怕虎，讲的就是这个道理。

在任何领域要想成功变现，都需要具备一定的知识。这些知识可以分成两部分，一部分是关于这个领域的专业知识，另一部分是运营和变现方面的专业知识。

有个育儿博主曾经问我："为什么同样是带货，卖价值相同的同种产品，另一个育儿博主卖得比自己好呢？"

我反问了她 3 个问题。

（1）你确切地知道另一个育儿博主卖这个产品时都用了什么方法吗？

（2）这些方法你都一个不落地使用过吗？

（3）你有根据自身情况，在这些方法的基础上，做更优的创新或改进吗？

她回答我说，她连另一个育儿博主用了哪些方法都不知道，更不要说创新和改进了。所以，她没有做好的根本原因是她不知道。

因为我很喜欢商业，所以我在做人力资源管理工作的时候，就一直在研究整个公司是如何运营的。我当时的想法是学习这些知识可以为自己将来"进军"商业打基础。

于是我跟着导师学习整个公司的运营管理知识，接触业务部门的数据，利用组织培训的机会学习业务部门的方法论。做好人力资源管理工作本就应当贴近业务，通过贴近业务、学习业务，我和业务部门之间有了共同语言，业务部门对我的评价和反馈也是正面的。

就这样，我在公司的发展处于螺旋式上升中。越接触业务部门、学习业务，我知道得越多。知道得越多，我和业务部门之间越有共同语言，我做的人力资源管理工作越能够服务业务部门。我对业务部门的服务越好，业务部门对我的评价越高，能让我更加贴近业务部门，更有利于我学习业务。结果是，我不仅在职业发展上比别人更快，而且学到的知识比别人更多。

当我学到的知识越来越多时，我也越来越发现自己从前的无知，越来越对商业心存敬畏，也越来越知道要想创业或发展副业到底应该怎么做。

很多时候，我们以为自己知道的已经挺多了，结果做事时却失败了；而出现这种情况通常不是因为自己知道的太多，而是因为自己知道的太少。

利用输出倒逼输入

人生有两件重要的事，一件事是输入，另一件事是输出。输入指那些能扩充自身知识体系，能让自身变强的事，例如学习、健身、冥想等。输出指那些能实现自身价值的事，例如创业、工作、发展副业、兼职等。

有没有什么办法能让自己持续输入呢？有一个办法，就是利用输出倒逼输入。利用输出倒逼输入的基本原理是，不是因为自己要输入，所以才输入，而是因为自己要输出，所以才输入。要输出是一件既定的事，输出必然需要输入，没有输入，就无法输出。因为要输出，人的所有精力都会放在输入上，这会让输入变成一件自然而然的事。

例如我在写书之前，是不是我书上所写的每一个知识点我都能熟练掌握、了然于心、倒背如流呢？

当然不是。优质图书包含的知识体系是完善的，如果要保证自己写的书足够优秀，对那些原本我不熟悉的知识体系，我就要花费时间去请教、学习、研究，这就自然而然地形成了输入。在输入的过程中，我并没觉得痛苦，反而觉得很快乐。不是因为我爱学习，而是因为我通过输入，完成了输出的某个环节，写出了某些内容，得到了良好反馈。

有人说写书是纯粹的输出，说这话的人要么是没写过书，要么都是在吃老本式地写书。写书既是输出的过程，又是输入的过程。写完一本书，我们不仅能总结自己曾经知道的知识，巩固和加强已知的知识体系，还能学到很多新的内容。所以，说写书的过程是学习的过程一点都不为过。

利用输出倒逼输入还有个好处，就是能让输入更聚焦目标，更能为实现某个目标服务，而不是漫无目的地输入。例如某人发现自己总是管不住自己，于是给自己制定了一个年度目标：一年读 40 本关于自我管理的书。

这个人的逻辑是，因为我的自我管理能力差，所以我要通过一年读 40 本关于自我管理的书来增强我的自我管理能力。可是，读书本身是一件很辛苦的事情，一个自我管理能力差的人，能坚持读完 40 本书吗？显然这个目标最终实现的可能性很小。

有没有其他办法呢？

有！比如，他可以把年度目标改为参加读书沙龙会，并在读书沙龙会上分享40本书。参加读书沙龙会，让其他成员对自己有所期待并监督自己，自己在分享的过程中还能锻炼沟通和交流能力。这就是典型的利用输出倒逼输入，这样目标不仅更容易实现，而且实现后的效果会更好。

除此之外，还有其他方法吗？

有！比如，他可以把年度目标改为找到自我管理方面的专家，拜他为师、向他学习。这里的专家指将大量时间用于研究自我管理，看过大量的书籍资料，走过许多的弯路，提炼过诸多的核心观点，帮助过许多有类似问题的人的人。总之，直接向专家取经，提出具体问题，可以更有针对性地探讨问题，更有条理性地分析问题，更加全面地解决问题。

还有没有更好的方法呢？

有！比如，他可以把年度目标改为成为自我管理方面的专家。这个目标显然更难实现一些，但实现后能使自身价值倍增。要实现这个目标，他可能需要“不断地学习并通过读书沙龙会持续分享书籍”+“不断地找自我管理方面的专家请教”+“不断地加入各种社交圈和收集相关资源”+“不断地提炼、总结并管理核心知识”+“不断地尝试帮助在自我管理方面有问题的人”等。

他本就在自我管理方面存在缺陷，所以他更容易搞清楚问题的起源和抓住痛点。因为有切身的尝试和感受，所以他也更容易知道哪些原理和方法是有用的，哪些是没用的。这便是利用更大难度的输出来倒逼输入。

输出端是比输入端维度更高的存在，利用输出倒逼输入也是通过到更高维度去解决低维度的问题。利用输出倒逼输入是搭建知识体系的绝佳方法，所以，当我们发现自己的输入端出问题时，不如尝试在输出端寻找解决方案。

拉伸延展知识体系

为什么我一直坚持写书呢？因为写书不仅是增强势能、稳固“护城河”的好方法，也是拉伸延展知识体系的好方法。

在我所处的领域，出过书的人力资源方面的实战专家多得是，出书其实不算什么。A 出过书，B 也出过书，A 怎么会比 B 厉害呢？

我思考的是，如果别人出书，我也出书，别人出 1 本，我就出 20 本，而且我出的书销量最高，那我就比别人高出好几个级别了。

出书就像一场马拉松比赛，先行者们跑在前面。这些人更早被用户认可，瓜分了市场份额，甚至重新定义了规则。后来者怎么办呢？

如果只求线性成长，很难有突破。什么是线性成长？我现在是主管，做了 3 年升到经理；我现在没出过书，憋了 3 年出了本书，从此我也是出过书的人了。

我们要学会指数成长，才能破局。什么是指数成长？我现在是主管，有没有可能在 3 年后成为总监？ A 已经出了 1 本书，我有没有可能在 3 年内出 10 本书？

指数成长显然比线性成长高一个维度，当然也更难。但难不是问题，因为简单的事往往不是正确的事。如何实现指数成长？就是把线性成长的速度加快，数量增加或成本降低。我们不要想实现指数成长是不可能的，而要想如何才能做到。

有人写不出书的原因是内容枯竭，有人不知道写什么。我是如何做到能写了这么多本书的呢？除了自身的积累足够多外，还源于我对选题有合理的规划布局。

以出版人力资源管理领域的书为例，基于人力资源管理，我的内容可以不断延伸，具体方法如下。

1. 做细

人力资源管理是个比较大的领域，这个领域按常规模块划分，可以分成招聘、培训、薪酬、绩效、员工关系、法务等子模块。每个子模块还可以进一步细分，例如招聘可以细分为人才测评、岗位胜任力等。

2. 做专

人力资源管理工作中有很多专业问题需要解决，例如数据分析、成本管控、业务驱动、人才盘点、人才培养等。

3. 做广

与人力资源管理工作直接相关的内容都可以写，例如行政管理、个人所得税等，除此之外，还可以写心理学、财务知识等内容。

4. 做实

读者们普遍比较喜欢看案例，有没有可能出纯案例版的书呢？我就出了好几本纯案例版的书，书中的内容全部取自真实的咨询案例，包含大量一问一答的内容和解决方案。

5. 做奇

我已经出版了好几本图解版的书，这些书是用 PPT 软件写的。只要我愿意，我可以把自己出过的所有文字版的书都用图解的方式再写一遍，当然也可以写新主题。

想别人不敢想的，想不好是痴心妄想，想好了就是对知识体系的拉伸扩展。世界上只有人想不到的事，没有人做不到的事。做万事皆有方法论，只要用对了方法，就能把事情做成。

淘金法则：如何高效学习、积累

淘金法则：传统的淘金者，是通过打捞起河水或湖水中的淤泥或沙土，用一种叫淘盘的工具，将低价值的泥沙淘掉，从而获得金沙或金块；随着知识付费的崛起，互联网上知识泛滥，涉及的领域千差万别，内容质量有好有坏，但人的时间是有限且宝贵的，我们应做个“淘金者”，淘掉“泥沙”，学习那些有价值的知识。

瞎学与不学一样差

当你打开微信的订阅号，有多少个微信公众号你已经超过半年都没有点开过一次了？当你打开购买过的课程，有多少课程是你买过之后学了一点就放弃或从没有学习过的？当你打开微信，有多少学习社群是你加入后很少打开的？

在这个信息爆炸的时代，各种内容如潮水一般层出不穷。当潮水退去，你会发现“裸泳”的不是那些提供内容的人，而是那些不加筛选就接收内容的人。唾手可得的学习途径、垃圾食品一样的学习内容，不会让人们真的学到知识，反而会干扰人们专注于真正的学习，让人们陷入低质量学习的漩涡。你是否也遇到过以下问题。

1. 奇怪，为什么学得越多，反而越焦虑？

我每次聚会见到朋友 A，他都会表达他的焦虑。经过我的一番劝说，他从我这里获得了满满的斗志，但当他回去后他依然将自己所有的时间用于玩游戏、追剧、看综艺……下次见面时，他又重复表达他的焦虑，久而久之，我也感到无奈。

朋友 B 在某次聚会上向我表达了他的焦虑。但朋友 B 和朋友 A 完全不同。朋友 A 只会吃喝玩乐，而朋友 B 呢，他的手机里存了一大堆课程。他明明是个非常爱学习的人，把大部分时间都用在学习上，为什么还会焦虑呢？

因为他学了牛人甲的课以后，没有改变；学了牛人乙的课之后，也没有改变。他在刚开始学的第 1 年没有改变，到了第 2 年依然没有改变。学了一圈下来，他不知道自己还要学些什么，也不知道自己该向谁学习。

市场中的知识产品太多了。在这样的市场环境下，瞎学和不学的结果是一样的，因为最后都没有产生改变。由焦虑而产生的学习意愿，如果不在学习后转变为实际行动，反而会让人越来越焦虑。

2. 如果有两只手表，到底该信哪只？

市场上讲时间管理的“大咖”有多少人？讲怎么管理团队的“大咖”有多少人？答案是不计其数。任何一个领域都有一堆“大咖”在分享自己的知识和经验。

为什么有这么多“大咖”？因为“大咖”的准入门槛太低了，拍一张职业照，做一张海报，配一些文案，很多人都能借此变成“大咖”。一堆人在以“大咖”的姿态讲课，“小白”反而没那么多了。

当真到了要解决具体问题的时候，选谁的课？这可真是难住了“小白”们，因为他们比来比去都不知道该选哪一个“大咖”的课。

有的小白“病急乱投医”，一狠心，都买了，却发现这些“大咖”竟然会在一些关键问题上给出不一致的观点。例如有人认为只有一线城市才有发展潜力，有人认为非一线城市照样有发展潜力。他们都是“大咖”，而且看起来都很厉害。该信谁的呢？

很多问题的答案都不是 1+1=2 或非黑即白的，“大咖”们抒发的自己的观点，都在各自的条件下成立，怎么能说谁是错的，谁是对的？

当你面前有两只手表，它们显示着不同的时间，你该信哪一只呢？

3. 在碎片化时间学到的究竟是知识，还是知识娱乐？

当人们不断从互联网上的知识产品中学到新知识时，会感到很爽，仿佛世间的一切事物都能被自己了解。但是，真要把这些新知识转化成能力并落到实处，还需要经过一段相当漫长的时间。

在这段时间里，人们不会有能瞬间获得的快感，而是要经历一个攀登的过程。人们只有在忍受自己刚学开车时的左右摇摆后，才有可能如老司机般驾轻就熟。人们只有在忍受自己刚学潜水时下水之后总会呛几口水后，才有可能如鱼儿般悠然戏水。

人们忍受不了这种漫长的攀登过程，就会下意识地追求获得新知识给自己带来的快感，于是继续疯狂地“学”那些所谓的“干货知识”。

时间一长，人们就会发现自己的格局变得越来越大，脖子越来越长，但是手脚越来越笨，渐渐成为一只“长颈鹿”。“长颈鹿”们总喜欢以“学习”为借口，他们花费大量时间在知识的大海中游泳，却没有实现越学习越有智慧，反而越学习越无能。

知识质量识别能力

我有个做人力资源管理工作的同事，她在职业发展上遇到瓶颈后，认为自身应该加强学习，于是在互联网上到处找课程。

她先是认为，人力资源管理和心理学有关，于是学习了心理学知识。

后来，她发现学习心理学知识不够，人力资源管理和经济学也有关，于是学习了经济学知识。

再后来，她发现仅学那些知识还是不够，人力资源管理和社会学也有关，于是又学习了社会学知识。

她前后通过互联网学了很多课程，却发现这些课程并没有帮到她，她的职业发展依然存在瓶颈。

随着人们学得越来越多，关于学习的问题也逐渐出现：为什么学了那么多却没用？什么是最值得学的高价值知识？如何区分优质知识，从而更高效地学习、成长？

互联网时代的人一定要具备一种能力——知识质量识别能力。识别知识质量，就是识别出当前知识对自己是有利的还是有害的，识别出哪些是假知识，哪些是真知识，识别出哪些知识的价值高，哪些知识的价值低。

我曾给朋友做面试指导，让他顺利入职了某世界 500 强公司的总监。他请我在一家高级餐厅吃饭以答谢我，说如果没有我的指导，他根本比不过其他竞争者。大家可能好奇我都指导了他些什么？可以归纳为以下 3 点。

（1）讲价值和结果，不要讲岗位职责。比如在自我介绍的时候，与其说“我曾经负责……平时的工作内容是……”，不如说“我曾经 1 年谈了 3 个项目，帮公司多赚了 1 亿元”，这样说不仅能阐明自己的价值，而且能引导面试官的思路。如面试官的下一个问题多半会是“你是怎么做到的？”，这时候你可以继续把自己提前准备好的内容说一下，从而掌控整场面试的节奏。

（2）在讲自己的故事的时候，按照“情境、预期、挫折、行动、结果”的顺序描述，其中，挫折和行动最重要。比如回答“你是怎么做到的？”这个问题时，先说当时的情境和原本的预期，然后重点说遇到的挫折，采取的行动，最好再加几个精彩反转，最后说结果，这样既能充分体现出自己在整件事当中的价值，又能全面地体现自己处理异常状况的能力。

（3）在提问环节，你可以问“假如我通过面试，公司期望我最先完成的 3 项任务是什么？”，这样既能给公司留下好印象，又能引导面试官说出对这个岗位的具体要求，由此可以判断自己究竟能不能胜任岗位，如果真的顺利入职，还能便于自己为“新官上任三把火”做筹划。

我这位朋友虽然掌握了很多专业知识，但没有掌握我告诉他的这些知识。很多人以为我说的这些知识不过是些面试知识，或者说得难听一点，是一种面试“套路”，实际上不是。我提供的这些知识背后，是一种普通人不具备的思考模式。

很多人就算知道了这些知识，也总结不出自己的价值究竟在哪里。还有一些人就算不知道这些知识，也能在面试的时候按照自己的理解往这个方向作答。这种知识其实不是“套路”，而是一种更高质量的知识。

知识大致可以分成 4 类，分别是将领知识、商人知识、工匠知识和学院知识，如图 6-1 所示。

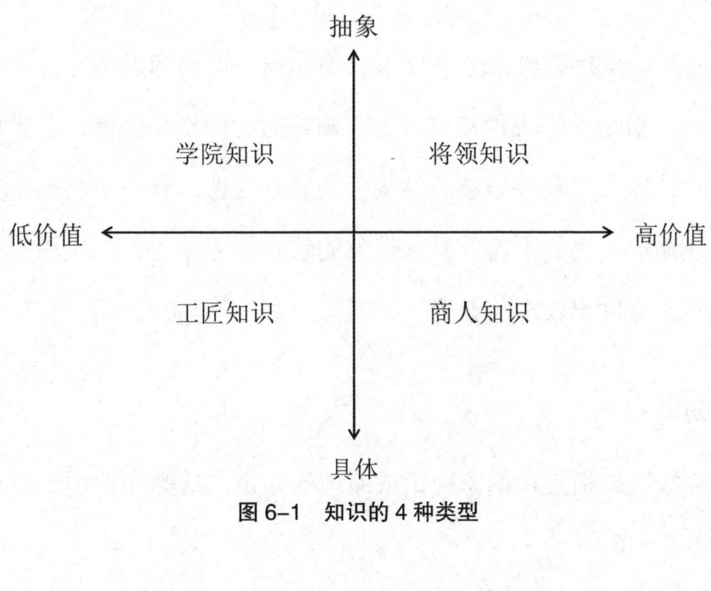

图 6-1　知识的 4 种类型

1. 将领知识

将领知识是指通过别人实现自己的目标的知识。这类知识中比较典型的是领导力知识。将领知识是高价值知识，其表现形式通常比较抽象，灵活性比较强。要学会将领知识，我们需要具备比较强的独立思考能力；在应用将领知识时，通常不需要付出太多努力。

2. 商人知识

商人知识是指通过商业活动实现价值的知识。这类知识中比较典型的是经营管理知识。商人知识是高价值知识，其表现形式通常比较具体，比较容易被总结成工具和方法论，具备一定的灵活性。要学会商人知识，我们需要具备比较强的独立思考能力；在应用商人知识时，通常也要付出较多的努力。

3. 工匠知识

工匠知识是指做成某个具体事物的知识。这类知识中比较典型的是厨艺知识。相比于前两种知识，工匠知识的价值相对较低，其表现形式通常比较具体，比较容易被总结成工具和方法论，有一定的确定性。要学会工匠知识，我们不需要具备很强的独立思考能力；在应用工匠知识时，通常需要付出较多的努力。

4. 学院知识

学院知识是指某种抽象理论或原理的知识。这类知识中比较典型的是学科基础知识。在商业世界，相比于将领知识和商人知识，学院知识的实用性相对较低，其表现形式通常比较抽象，多是对概念的总结，也具备一定的确定性。

我教给那个朋友的面试技巧，实际上就是一种商人知识。这种知识在这里有两层表现，第 1 层表现是一个员工如何为企业创造价值，都创造了哪些价值；第 2 层表现是一个求职者应如何推销自己。如果我们从来没有想过这类问题，说明自己之前从来没接受过这类知识。

创造价值需要培养价值创造能力，培养价值创造能力需要学习对应的知识。要想让自己创造价值，我们要根据自己当前掌握的知识类别和自身情况，有侧重地学习更高价值的知识。

这里需要注意 3 点。

（1）这里讲的学院知识的价值相应较低，是相较于将领知识与商人知识的价值而言的，绝不是对学校学科基础知识的否定或贬低。相反，学科基础知识是人们踏入社会的基础，能培养人的学习能力。

（2）这里讲的工匠知识的价值较低，只是相对于将领知识和商人知识而言的。在很多情况下，掌握工匠知识是学习将领知识和商人知识的基础。

（3）为避免偏颇，对将领知识、商人知识、工匠知识和学院知识，我们都应当有一定程度的掌握，这将有助于我们掌握分辨这 4 类知识的能力。

终身学习该怎么做

学习究竟该学什么？其实我们应该学的不是知识本身，而是学“基于待解决问题的相关知识”，习“对知识的深度思考和应用的能力”。这才是学习的核心内容，蜻蜓点水、照猫画虎式的学习是无效的。

成功学中有个关于乔·吉拉德（Joe Girard）的励志故事。乔·吉拉德是吉尼斯世界纪录认可的世界上最成功的推销员，他在 1963 年—1978 年总共推销出 13001 辆雪佛兰汽车。他的销售成绩至今无人能破。

这个励志故事讲的是乔·吉拉德发名片的故事。故事说乔·吉拉德不论到哪里，不论见到谁都要发名片。他会在餐厅把整盒名片给服务员，通过给服务员小费让服务员帮他发；他经常会在演讲时撒名片；他会在比赛现场撒名片；……

于是，很多人基于对这个故事的理解，在一些场合也到处发名片。然而有用吗？在某次搬家时，我抱着断舍离的态度，把能扔的东西尽量扔掉，发现有个抽屉里面全是名片，我找了个衬衣盒子装，竟装了整整一盒。仔细看，我发现名片中 95% 的人我都早已经忘了是谁。那些平时联络多的，我早就已经把对方的联系方式存在了手机通讯录和微信里了。

得知乔·吉拉德到处发名片，自己也到处发名片，这种人显然是没理解这个故事的真谛。乔·吉拉德发名片其实是在宣传自己，以获取流量，流量越大，成交机会就越大。在互联网时代，通过发名片能给自己带来流量吗？其效果显然是较差的。

对乔·吉拉德发名片的行为进行深度思考之后将其抽象为知识，然后再根据互联网时代的特性，通过一些方式应用这些知识，从而让自己获得更多的流量，这才是有效的学习。

对绝大多数的内容产品来说，充斥在互联网上的各种牛人所谓的知识变现归根结底是一种感觉变现，是一种体验经济，是一种情感营销，和人们真正想要的有助于解决问题的知识，其实没有什么关系。

人们真正需要的知识，需要人们通过不断攀登来获取；人们真正需要的能力，需要人们通过不断实践来锤炼。终身学习，究竟应该怎么做呢？

1. 以问题为起点

生活很难让我们像在学校里一样，系统地学好、学完一种知识，然后坐在教室等着进行既定考查范围的考试。大部分时候，生活会先给我们提出一系列待解决的问题，然后让我们根据问题，自己找出关键词，开始学习。

所以，学习的起点不应该是某人在朋友圈里晒出的一本书，不应该是别人向我们推荐的一篇文章，不应该是由这个行业的一个经典案例而引发的内心焦虑，而应该是我们在现实世界中遇到的实际问题。为了解决问题而学习，比为了缓解焦虑而学习更有用。

2. 明确计划和安排

在解决完为什么而学习的问题之后，计划和安排就将解决怎么做的问题。如果真想利用碎片化的时间，那就制订好自己的学习计划，将合理安排自己碎片化的时间。例如，用 5 分钟的时间能学到什么，用 15 分钟的时间又能学到什么。

碎片化时间非常适合用来学习一些工具类的知识或某个特定的知识点，比如 EXCEL 的常用技巧、如何拍出一张好看的照片等这类可以现学现用的技能。如果是大片的、难理解的知识，还是拿出连续的时间来学习比较合适。

3. 舍弃无效的信息源

如果没有特别的社交需要，我们没有必要时刻关注各种社交软件，也没必要关注其他各类手机 App。一是因为关注这些应用太消耗时间，二是因为过多的信息源会让扰乱我们的思绪。对那些无助于我们解决问题或实现目标的信息源，我们应当果断舍弃。

4. 有效地扩充学习资源

大部分人找资源，首先是上网搜索，这虽然看起来很快速，很容易让人陷入困境，因为网络是个无底洞，其中的信息源特别多，如果我们这里翻翻那里看看，一不小心就可能几天都得不出结果。其次是买书，这也存在问题，因为一般人要把一本书里面的内容全部消化完至少需要一周的时间，并且前提是选对了书。

在这个信息爆炸的时代，信息早已经多到让人难以负荷。所以，有效地扩充学习资源最重要的绝不是增加信息，而是筛选和删除信息。

所以有效地扩充学习资源的步骤分 4 步。第 1 步，从请教有经验的人开始，让他们根据我们提出来的问题，给我们清晰、明确的建议、方向和边界。第 2 步，找到在我们所处领域的标杆，学习他们是怎么做的。

第 3 步，通过网络搜索资料和书籍的总结、评论。第 4 步，系统地看书。

5. 遵循127法则

所谓 127 法则，指的是人要掌握一种技能，需要用 10% 的时间学习知识，用 20% 的时间与人沟通和讨论，用剩下 70% 的时间练习和践行。

碎片化学习也许对学习知识非常有用，而与人沟通和讨论、练习和践行，则需要花大量时间来进行系统化学习。由此可见，碎片化学习永远只能是系统化学习的辅助，我们需要留出足够多的时间来思考、练习。

灯塔法则：如何聚焦于做从长远来看更有价值的事

灯塔法则：灯塔属于地标式建筑，既能表明位置，在晚上还能给远方的船指引方向；每个人心中都要有一座灯塔，让灯塔指引自己前进的方向。在时间有限、资源有限的情况下，我们一定要做从长期来看对自己更有价值的事。短期看起来再美好的事，也要为从长期来看更有价值的事让路。什么是从长期来看更有价值的事？就是那些符合自身规划，能为我们实现将来的目标积攒势能、积攒竞争力或积攒能力的事。

机会源于提前准备

有朋友说很羡慕我，因为我从一开始创业就有回报，打造个人 IP

的进展也比较顺利。而当初与我前后脚一起创业的几个朋友，有的已经撑不下去，开始重新找工作了。

同样付出了努力，为什么有的人能得到回报，有的人却不能？能否得到回报难道只能听天由命吗？我是不信的，我相信机会总会留给那些有准备的人。

什么叫有准备的人？就是在机会到来之前有积累的人。我是因为要做个人 IP、要写书，才开始积累人力资源管理实战的内容吗？当然不是，千万别把因果关系搞反了。

我的十几年的工作经验本身就让我养成了总结、归纳和整理的习惯。在职场时，为了让部门同事做好工作，我一直在整理各个环节的工作标准，每周至少拿出两小时在部门内授课。

有一年公司申报省长质量奖，要求每个部门提交材料。当时正值一个世界顶级团队在我们公司做项目。我带着这个团队用了一个多月，没日没夜地梳理整个公司的人力资源管理体系。

单把那一次申报材料用的 PPT 打印出来，就能印成 3 本书，申报材料还只是简单地列出了方法论。如果把说明每个环节怎么做的具体文字内容和表格全部整理出来，出 10 本书都不止。所以我能写出那么多书，有什么好奇怪的呢？

我为什么乐于积累知识？因为我觉得积累这些知识，在未来对自己有好处。

有什么好处？当时的我其实是不清楚的，只是模糊地知道将来肯定能用得上。

我当初想过要把那些材料用来出书吗？讲真的，我当时想都不敢想。

大部分人都喜欢即时满足，所以很多人喜欢做那些能得到即时反馈的事。但其实真正重要的，是提前积累自己某方面的能力，而不是到需要时再临时培养。

第 1 波赶上文字自媒体风口的人，全都是在临时开始学写作之后崛起的吗？不是，这些人中的大多数以前就具备写作能力。

第 1 波赶上视频自媒体风口的人，全都是在临时开始学摄影之后崛起的吗？不是，这些人中的大多数以前就懂怎么摄影。

机会总会留给那些有准备的人，所以，就算没有即时回报，我们也要懂得提前积累。提前锻炼自己的写作能力、表达能力、管理能力等通用能力，同时不断积累专业能力，只有这样，我们才能在机会到来时抓住它。

小成功靠努力，大成功靠机遇。但当机遇来时，没努力过的人很难抓得住。

不够优秀是我的错

我的表弟有次找我诉苦，说他为公司付出了很多，公司却不给他涨工资。他一生气提出离职，公司却丝毫没有挽留他的意思，他一气之下就真离职了。

他来找我应该是想寻求我的安慰，也许希望我说“这个公司真是不近人情，不懂珍惜你这个人才”。

但我对他说："这一定是你的错，不要怪公司。公司不愿意给你更高的薪酬，没有意愿挽留你，或许是你的错，因为你不够优秀。你要做的是反思自己，而不是抱怨公司。"

我经常听身边有些朋友说："好羡慕你们做高管的，只需要动动嘴，把工作布置给员工就行了，啥也不用亲自干。"

其实高管很脆弱。有这么一类高管，每天做得最多的事就是熬资历和做 PPT。这类人在某些特定组织中也许能活下去，但哪个组织能长期养这类人？这也是为什么很多大公司一裁员就要先裁高管的原因。

无论是高管还是员工，检验其是不是人才的最大标准就是公司和人才市场的反应：公司想要拼命留住的，放到人才市场中能引起争抢的，大概率才是人才。所以，要取得职业发展，增强能力，让自己更有职场竞争力才是王道。

人人都是商人，都是一个以自己名字命名的微型企业。既然自己就是一个企业，就应该为如何产生令客户认可的价值而努力，这就是商业品格，这就是职业化。经营好自己，就是给客户树立自己这个微型企业的形象和口碑。

职场人士都值得向出租车司机学习。在我看来，最不会浪费工作时间的职业，可能就是出租车司机，因为出租车司机会在工作时间全神贯注。

出租车公司与出租车司机的关系是承包关系，每个出租车司机都要在规定时间内完成规定的任务，同时还要为完不成任务负责。此外，无论是客观上的天气原因还是主观上的人为原因导致的汽车剐蹭，都需要出租车司机自己负责。出租车司机的收入几乎完全取决于市场，取决于自己的智慧和勤奋。

出租车司机这份职业很能调动个人积极性。直接面对市场、任务与结果之间的高度匹配，让出租车司机明白了什么是自我责任。出租车司机的薪酬并非与时间直接相关，而是与其创造的价值有关，例如某个出租车司机即使天天开着车到处走，如果没有有效的乘客，他就得不到报酬。

很多员工热衷于打听同事的工资和奖金，并与自己的比较，如果感觉不公平，就会将自己的负面情绪带到到工作中去，通过消极应对工作，从心理上寻求平衡。这其实是错误的做法。正确的做法是继续做好自己的工作，如果觉得获得的回报不符合自身价值，可以向相关领导反映。

如果领导不认可自己的看法，可以选择离职。但放弃承担自己的工作责任，是商业品格的缺失，因为很多人认为自己只是在为公司做事，而没有用商业品格的标准去看待所谓的公平。因为消极，自己创造的价值和自身应获得的成长都明显被削弱了。长此下去，最后蒙受最大损失的往往是自己。

把视野放得宽广一些，每个员工都不完全属于公司，所有人都是社会人，所有人都要以社会的标准来衡量自己。我们之所以能来到公司，是因为公司尊重我们的选择，欣赏我们的才华。同样，我们选择公司，也是由于我们认为公司会给我们带来机会、成长和价值。

我们要以社会的公平报酬体系而不是自己的感觉来衡量自己的付出与回报。当有一天我们或公司认为彼此不能为对方提供想要的价值时，可以“愉快地分手”。当双方能够为彼此提供想要的价值时，也可以重新合作。

在商业世界里，价值永远是第 1 位的。职场中的个体想要获得更多的薪酬、更高的职位、更大的发展空间，只有一条途径，就是不断让自己变得更有价值，而不是将自己的命运被动地交给公司或老板。只有自己先成长了、工作更高效了、创造的价值更大了，我们才有可能获得自己想要的东西，才有机会获得更多的选择。

目标规划要具象化

有朋友说，她对目前的职业隐约有些不满，想寻求改变，但又不知道该怎么做。她想做自媒体，通过把自媒体的流量做大来改变现状，于是开始在微信公众号和微博上发文。把自媒体做起来之后再做什么？她也没想好，只是觉得可以做一些与自己的职业相关的事。

如果一直保持这类想法，这个朋友很难真的发生改变。且不说要把自媒体做起来本身就需要有清晰的定位，需要付出大量时间，单说把自媒体做起来之后往哪个方向发展，她只有非常抽象的想法。

当想法过于抽象，无法落到一个具象化的目标上时，人们就不知道具体该做什么。当人们不知道具体该做什么时，会怎么样呢？最大的可能性是什么都不做，其次是胡乱做一些看似相关的事。这就是为什么很多人看似有理想，却难以实现理想的原因。

目标不具体，规划就无法具体；规划不具体，任务就无法具体；任务不具体，行动就无法具体，结果是人们不知道自己该做什么。

长期的目标虽然比较遥远，但我们可以将其具象化再分解到不同的行动中。要做到这一点，我们可以学习企业经营管理中的战略地图法。

举个例子，国内有个大型连锁药店经过十几年的快速发展，已经成为全国排名靠前的连锁药店品牌。这家公司在发展过程中制定长远目标的时候，运用了战略地图法，将公司的战略目标层层分解，分步落实，并且最终落实到具体的行动上，取得了较好的经营成果。

这家公司某年度的战略地图示意图如图 6-2 所示。

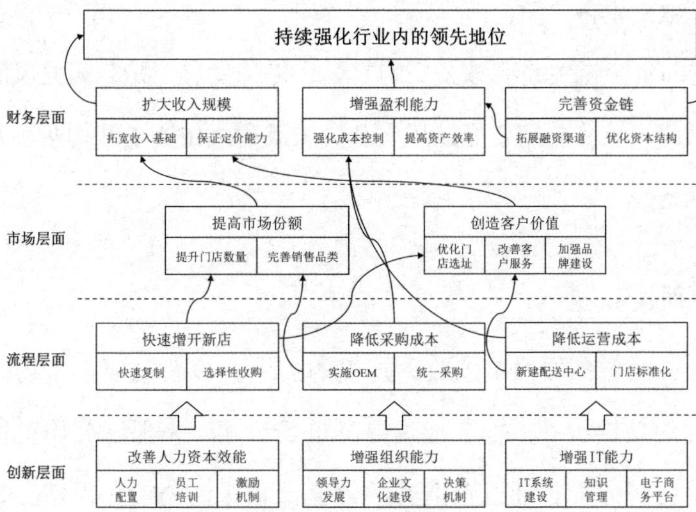

图 6-2　某公司某年度战略地图示意图

持续强化行业内的领先地位，这是该公司的一把手提出来的愿景。但这个愿景是比较模糊的，因此，该公司需要将其具象化为具体的任务和行动。具象化为哪些任务呢？这些任务分属 4 个层面。

1. 财务层面

要实现“持续强化行业内的领先地位”的愿景，扩大收入规模是这家公司最重要的目标。作为药品行业的连锁零售企业，该公司首先需要在销量上做文章，制定出在销量上的具体目标，拓宽收入基础，同时必须保证公司有一定的定价能力。

优秀的盈利能力是该公司第 2 位的需要。只有当盈利能力得到保证时，公司才能在收入增长、资金保证两个方面都达到理想的均衡状态。公司在制定出有关利润的具体目标后，要增强盈利能力就需要在成本控制、资产效率上做文章。

稳定的资金链关系到该公司的安全、平稳发展，是公司发展的基本保障。因此，该公司需要通过拓展融资渠道和优化资本结构两种方式来完善资金链。

2. 市场层面

为了实现财务层面上的收入规模的扩大，该公司要在市场层面做足两方面的功课：一方面，通过提高市场份额，来保证公司整体的收入基础；另一方面，通过创造客户价值，来保证公司在销售上的定价能力。

在提高市场份额方面，该公司通过提升门店数量和完善销售品类两个方面来实现；在创造客户价值方面，该公司通过优化门店选址、改善客户服务、加强品牌建设 3 个方面来实现。

3. 流程层面

为了实现市场层面的提升门店数量和优化门店选址的目标，该公司必须要在流程层面快速增开新店。在门店扩张方面，该公司没有采取连锁加盟的形式，而是全部自营。该公司一方面实现自身的快速复制，另一方面则进行选择性的收购。

财务层面要求的强化成本控制，在流程层面则可通过降低采购成本、降低运营成本两个方面来实现。在降低采购成本方面，该公司通过实施 OEM（Original Equipment Manufacturer，代工）和统一采购两方面来实现；在降低运营成本方面，该公司通过新建配送中心和门店标准化两方面来实现。

4. 创新层面

为了对财务层面、市场层面和流程层面形成支持，在创新层面，该公司需要做好改善人力资本效能、增强组织能力、增强 IT 能力 3 方面的工作。

改善人力资本效能体现在人力配置、员工培训、激励机制 3 个方面；增强组织能力体现在领导力发展、企业文化建设和决策机制 3 个方面；增强 IT 能力体现在 IT 系统建设、知识管理和电子商务平台 3 个方面。

通过对一个模糊的愿景“持续强化行业内的领先地位”的具象化分解，该公司化模糊为具体，化抽象的概念为具体的行为。每个人在制定自己的长期目标时，也可以采取类似的方法，将目标规划具象化。

Chapter 7

第 7 章 合作共赢

俗话说：一个篱笆三个桩，一个好汉三个帮。一个人的力量终究是有限的，合作能让势能倍增，能创造更大的价值。成长的终局不是自己变得强大，而是与自己的关联方一起成长，合作共赢，共同创造更大的价值。

个性法则：需要为迎合别人做改变吗

个性法则：人可以在保持个性的同时被别人喜欢，但人永远无法让自己被所有人喜欢，所以不必为那些不喜欢自己的人改变，相反的，人应当保持和发扬自己的个性，让那些喜欢自己的人更喜欢自己。

喜欢比讨厌更重要

有个讲线下课的朋友曾问我："有学员不喜欢我的授课风格，我要怎么改？"

我问他："不喜欢的人占比有多大？"

他说："50 个人里面有 2 人，占 4%。"

我说："那你就不用改。"

他很惊讶地看着我说：“真的吗？”

我向他解释了很久，他才明白其中的道理。

个别规模比较小、刚做知识服务不久的自媒体从业者，有时会在我的课程结束后，告诉我他们的个别学员对他们的风格或内容不满。但那些规模比较大、做了 10 年以上知识服务的机构一次也没有向我提过这种情况。

为什么？因为那些经验丰富的知识服务机构明白一个道理：“世界上没人能让所有人都喜欢自己。”所以，我们不能有“精神洁癖”，一定要允许有一定比例的负面声音。这个比例是多少呢？在培训领域，一般 10% 以内都可以被认为是正常的。

在职场时，我有段时间负责新开辟区域的人力资源管理工作。那时，我几乎将 80% 的时间都用在员工培训上，加之我后来又有管理讲师的经验，这让我一开始就比那些刚接触知识服务的人对此有更深刻的理解。

不要浪费时间去想办法让那些讨厌自己的人如何喜欢自己，而是要想办法让那些喜欢自己的人如何更喜欢自己。

英国第 1 位女首相，外号为“铁娘子”的撒切尔夫人说：“人要有立场，不然站在哪呢？”然而人只要有立场，就注定了有人喜欢自己，有人不喜欢自己。于我而言，我选择了一种风格和内容，必然意味着放弃其他的风格和内容，所以我的风格和内容也难以做到让每个学员都喜欢。

《父子骑驴》的故事我听过这样的版本。

老两口骑着一头驴赶路，有人看到了，说：“这么狠心，两个人骑在一头驴身上。”

老太太听到了，从驴背上下来，让老伴骑着驴，自己跟着走。有人看到了，说："这老头儿真自私，竟然自己骑着驴，让老太太跟着走。"

老头儿听到了，也从驴身上下来了，和老太太一起跟着驴走。有人看到了，说："这两个人真傻，为什么有驴不骑呢？"

后来，老头儿让老太太骑驴，自己跟着走。这时候又有人看到了，说："这头驴明明能驮两个人，为什么要一个人骑，一个人跟着走呢？"

这个故事说明，你永远也无法满足所有人，正如撒切尔夫人所说："如果你的出发点是讨人喜欢，你就要准备在任何时候、任何事情上妥协，这将让你一事无成。"

当然，我的意思不是要每个人都固执己见，而是说不必太在意那些负面声音。虚心学习，将自己的风格和内容定位成多数人能接受的并保持相对稳定就可以了。

你可以根据场景调整风格和内容，但不必为了盲目迎合负面声音，做不适合自己的改变。变来变去很容易让自己失了方向、丢了个性，同时，那些讨厌你的人不会因此喜欢你，那些喜欢你的人反而会因此流失。

改善比批评更重要

人常有两种思维，一种是改善思维，另一种是批评思维。在正常情况下，批评就是为了改善吗？有时候是，有时候不是。尤其是当这种批评来自那些讨厌我们的人的时候，很明显就不是。改善思维多是盯着自己有什么，让有的更好；批评思维多是盯着自己没有什么，然后不断强调还没有。

有次我讲线上课，主办方说受众多是"小白"，于是我将内容设计得比较基础，然而有人听完课之后说内容太浅显了。有次我讲线下课，主办方说来听课的都是经理及以上级别的人，于是我将内容设计得比较有深度，然而有人在听完课之后说听不懂。

在这两次课结束后反映问题的人多吗？不多，不超过 5%。而且根据内容和受众的定位看，这显然不是我的问题。但如果主办方抱着批评思维，批评我的内容有问题，我要怎么办呢？

如果我为了迎合所有人，讲的内容包罗万象，所有人就满意了？不仅不会，而且大概率不满意的人更多，因为这样讲出来的内容没有重点，没有落脚点，没有立场。

得到 App 的《罗辑思维》栏目早期在讲某话题时，会从正面、反面、侧面等多个角度展开讲，最后不给出自己的立场。这正是这个栏目早期的内容定位，让人接触多维思考模式，能从不同角度看问题。

后来，有次罗振宇在节目中说起亨利·卢斯（Henry Luce）创立《时代周刊》的故事。《时代周刊》是非常成功的、面向中产阶级的读物，用户群体与得到 App 的用户群体很像。《时代周刊》有个特点，那就是每篇文章都有明确的主张、观点和态度，有自己的立场。

罗振宇表明，虽然《罗辑思维》栏目每期可以多角度分析，但也要有鲜明的观点，不能总是做"中间派"，就算这可能引发一些用户不喜欢，但相信大多数用户还是会理解和喜欢的。后来，确实有一些用户说这个栏目不如从前了，而且有几期的主题还引起争议。

但是反过来看，那些当时一直喜欢《罗辑思维》栏目的人更喜欢这个栏目了。其实，或许那些不喜欢这个栏目的人，不论栏目做成什么样他们也不会喜欢。

每个人都有自己的立场、风格、个性，我们如果总是抱着批评思维做事，总是特别在意来自周围的批评思维，就将很难找准方向。

不要为了迎合别人，刻意盯着自己没有什么，与其总是想办法去补充自己没有的，不如看看自己现在有什么，将有的发扬光大。

原则比金钱更重要

有一年的年底，一家合作机构的老板找到我，表示想将分成制的合作模式变成买断制，因为这家机构在与后来的几个讲师合作时都采用了买断制。之前，这家机构卖我的线上课，我能从中分 50% 的收益，现在这家机构想一次性买断版权，我如果答应了，以后这套课程的营收就跟我没有任何关系了。

这家机构的老板让我报价，我报了 10 万元，理由是这是销售 200 份后我应得的收益。这家机构的老板不能接受，因为别的同类产品他只需要 1.2 万元就能买断版权，而且是 5 个讲师录的课。这家机构的老板说的也许是真的，毕竟时间成本不同，我可以理解。

我的这套课程之前的销量表现如何呢？课程是在当年 6 月完成交付的，销售半年后，到了年底，我分得 15 万元收益。显然，这家机构的老板对这套课程的未来收益是看好的，不然也不会做出买断版权这种决策。

买断版权的事，在谈合作意向的时候，这家机构的老板就找我谈过，但被我拒绝了。几轮沟通下来，他才同意采取分成制进行合作，而且我们签了合同。合同对合作和分成模式规定得清清楚楚，那他为什么又想变更合同呢？在我看来，原因有以下 3 点。

1. 课程专有

我之前的绝大多数线上课程都是多平台投放，并都与相应机构采用分成制的合作模式。但这套课程不同，在我与这家机构协商采取分成制时，这家机构承诺投入较多资源来宣传这套课程，我才愿意合作，并且这套课程专为这家机构开发，我在录制课程时用的 PPT 上还特意加了这家机构的 LOGO。也就是说，这套课程在别的平台和场合不能用。我已经付出了时间和精力，如果这家机构不继续合作，我的努力相当于白费了。

2. 机构强势

在管理领域，有流量和资源的机构是强势的。讲师是生产者，学员是消费者。同其他领域一样，生产者很难直接把产品卖给消费者，需要流通环节作为关键节点。一般的讲师敢“得罪”机构吗？大多不敢，因为机构掌握着很多资源。如果讲师公然和机构叫板，其他机构见了也不愿和这样的讲师合作。

3. 难以维权

我和这家机构签的合同中关于变更合作方式的部分写的是“友好协商”，目前这种情况也不能说对方没有“友好协商”，我无法咬定机构违约，难以维权。而且这种事就算真的维权，也基本上是我自讨苦吃，课程在机构手里，主动权不在我这里。

维权有损失，不维权也有损失，遇到这种情况怎么办呢？

大多数讲师的做法是和机构协商出一个价格就算了，只能怪自己遇人不淑，自认倒霉。但我和这家机构不是只有线上课这一类合作，还有线下课和咨询项目的合作。如果这件事没处理好，我与这家机构的所有合作都将终止，由此造成的损失较大。

开始时我非常苦闷，不由得埋怨起这家机构，后来发现是我的思路不对。在商业世界难免遇到这样的情况，我应当思考的，是要不要坚守住自己的原则。

我的思考是，在这件事上我可以不赚钱，但我不能失掉做事的原则，不能丢了底线。这样这家机构以后可能还会在其他合作项目上做出类似行为，而且也一定还会有第 2 个、第 3 个机构做出类似的行为，我一定不能一味地妥协下去。

不是我们以为自己是什么样的人，在别人眼中我们也是什么样的人。我们所做的每个选择，决定了我们是什么样的人，也决定了别人会怎样对待我们。一味地妥协和忍让，只会让别人得寸进尺。

最后，我没有接受这家机构提出的任何继续合作的条件，也不再和这家机构有其他任何合作。为了利益出尔反尔的人，就算与之还有继续合作的可能性，我也不屑为之，因为原则问题和底线问题容不得侵犯。

舍得法则：如何让别人离不开你

舍得法则：有舍才有得，很多时候我们为了得，要先学会舍。所谓舍，不是盲目放弃自身利益，而是要兼顾对方利益。宁愿自己少赚一点，也要让别人多赚一点，这种合作才稳固。如果一个人只想着自己的利益，不考虑别人的利益，甚至为了自身利益损害别人的利益，这种人必然不会有大成就。

合作是相互成就

绝大多数作者为了追求更高收益不断换出版社或图书策划人。我在小有些影响力后，有很多图书策划人找我合作，也有其他出版社的编辑找我合作，都被我直接回绝了。

很多人觉得，图书策划人就是个中间商，书又不是这些人写的，还跟着拿收益，他们不过是在利用作者，作者要想办法甩掉他们。

“利用”在我看来是个褒义词。能被别人利用，正能说明自己有用。更何况，力的作用是相互的，我们在被别人借力的同时，也在借用别人的力量。与其说相互利用，不如说相互成就。

我在小时候看李嘉诚的故事，感触最深刻的是普通人做生意总想让自己利益最大化，而李嘉诚却可以让自己少赚点，让别人多赚点。这样别人就喜欢和他做生意，他和别人的合作关系才稳固。

我也是这么想的，我衷心希望写书哥因为我赚到钱，衷心希望出版社负责我图书的编辑因为我而获得奖项、被评选为“优秀编辑”或拿到更多奖金。当我有能力成就合作方的时候，合作方也会更愿意成就我。

有人说互联网思维中有一条是“干掉中间商”，不让中间商赚差价。互联网其实没有真的“干掉中间商”，很多时候，如果没有中间商，要么商业逻辑不通，要么市场规模无法扩展。

作者在创作内容上是专业的，但在图书市场的策划和运作上呢？在对同类产品的调研上呢？在对选题方向的把握上呢？总而言之，作者写得出来书，卖得出去吗？

我和写书哥在合作时有不同的分工，我负责内容，他负责市场。这样我可以把主要精力放在如何打造更好的内容上。写书哥为我付出，拿走部分收益不是天经地义的吗？

能把越多人卷入自己的系统，让自己的成败和越多人产生直接利害关系，成功的概率就越大。让别人赚到钱，自己才能赚到钱。

有人说："图书策划人与那么多作者合作，他的资源有限，为什么要为你投入呢？"

这就要看每个作者在图书策划人那里的权重了。如果图书策划人能通过某作者赚到钱，怎么会不重视这个作者呢？让别人离不开你，别人才会重视你。

一个在某个创业公司工作的朋友说他想离职，他之前为这家公司做成过好几个大项目，为公司带来过比较高的收益。

我问他："取得了这么多成绩，为什么要离职呢？"

他说："这个创业公司的老板很奇怪，在我没做成项目的时候，他每天催着让我去做，而且每天给我'画大饼'，说项目成了以后要分给我 10% 的提成。在我做成项目要分钱的时候，这个老板却表现得百般不愿意。"

这个朋友的决策是明智的，我们要赶快远离这种在利益面前言而无信的老板。

商业世界的雇佣关系也是一种合作关系。通过合作，我有利可图，你也有利可图，我们便能实现合作共赢，这种合作关系十分稳定。反过来，我有利可图，你什么也得不到，或者我能长久地有利可图，而你只有短期少量的收益，这种合作关系薄如蝉翼，十分脆弱。

这就是很多老板疑惑的“为什么我的员工没有忠诚度”“为什么我的员工积极主动性差”“为什么那些优秀员工总是离开我”等这类问题的根本原因。

其实合作的终局是相互成就。我成就你，你成就我，彼此因对方而获得成就，也因自己而成就对方。

合作要懂得专注

我在出版图书时，在图书策划人的选择上，我只和“写书哥”合作，在出版社的选择上，我只和人民邮电出版社合作。为什么呢？我主要有以下 3 个方面的考虑。

1. 友情

我的图书写作的起点在于与“写书哥”的合作。商业世界的合作不是只为了利益，长期合作能产生友情，就像巴菲特与查理·芒格，郭德纲与于谦，好搭档都是一生的朋友。经过这么多年的合作，我和“写书哥”建立了友情，成了朋友。朋友间的信任是无价的，与老朋友并肩前行不是更好吗？

我的图书销量的起点在于与人民邮电出版社的合作。负责我图书的恭竟平编辑、马霞编辑、郭媛编辑曾为我的图书的选题做过大量市场调研，为我的图书的出版熬心费力，为我的图书的销售出谋划策，这让我十分感动。与出版社之间建立起的这种情感，又怎会是别的出版社多给稿费能改变的？

2. 成本

与固定的合作方合作能降低沟通成本，与熟悉的人沟通效率更高。基于信任和熟悉，我们仅说几句话就能了解彼此的想法。那些不断更换图书策划人或出版社的作者，先不说最后成功与否，单在沟通成本上，恐怕就要付出很多。

羊毛出在羊身上。出版业每个环节的利润并不多，实际上，同样水平的作者，各家给的分成比例不会差太多。因此频繁更换出版社，很可能只是换了种合作模式，但换汤不换药。

3. 终端

在图书营销方面，对终端的管理非常重要。什么是终端？就是与图书相关的线上店和线下店。规模比较大的出版社在终端的谈判上具备一定的话语权，在终端的管理上也具备比较强的能力和较丰富的经验。

我的线上课、线下课和咨询项目之所以与多家机构合作，是因为在这些领域，与我合作的任何一家机构都没有能力让我对应的知识产品触达全网。但在图书发行方面，人民邮电出版社有能力触达我国所有主要的图书销售终端。

做事要懂得专注，合作也要懂得专注。

长期合作看人品

从 2021 年开始，我和“写书哥”的合作进一步拓展，先是从图书出版扩展到合作写书，后又从图书领域的合作扩展到线上课和线下课的合作。我们合作出版了《写作如此简单》一书，全书内容围绕撰写技巧、自媒体运营和个人品牌打造进行讲解，这本书在上市后取得了非常好的销量。

“写书哥”把微博做得非常成功，他依靠文字写作，用了两年时间，把“粉丝”数从 0 做到 68 万。要知道，在微博生态上，除非是原本影响力就很大的人，否则只在微博上输出文字内容并不占优势。但“写书哥”证明了在微博上，靠写作“涨粉”并非不可行。

“写书哥”的微博写作训练营积累了 3000 多名学员，他从 2021 年开始做周期较长的成长式社群训练营。第 1 批社群训练营的学习时间持续 6 个月，我负责第 1 个月的线上课程的开发和授课。

说起来可能很多人不信，从“写书哥”和我谈关于这件事的合作开始，我从来没有问过他我们如何分成，我应该分多少比例，对训练营课程内容的设置和打磨，我们倒是聊了不少。在训练营招生结束，“写书哥”给我打钱时，他和我详细说了算法，具体怎么算的我后来也忘了，只记得当时听完觉得他没亏待我。

我有几十家合作机构，敢这样合作的，目前只有“写书哥”；像这样合作的，也只有这一次。“亲兄弟，明算账”是对的，但为什么这一次我敢这么做呢？我同样也是出于 3 个方面的考虑。

1. 拓展

“写书哥”的这个邀请能帮我拓展领域。我之前一直聚焦于经营管理领域，用户群体主要是企业主、管理者和人力资源管理从业者。然而我在打造 IP、个体崛起以及学习、成长等领域都有值得分享的心得经验。拓展领域对我来说是打开边界，能让我走出舒适区，获得成长。基于此，给多少钱有那么重要吗？

2. 人品

到 2021 年，我和“写书哥”认识与合作已经 5 年了，我们合作出版的图书超过了 20 本。我们虽然身处不同的城市，但在图书出版上也是一块儿翻过大山，蹚过大河，应对过各种困难的，在这一过程中我们经历了不少风风雨雨。顺境和逆境叠加在一起，最能看出一个人的人品，而我认为“写书哥”的人品是值得信赖的。

3. 舍得

在与“写书哥”之前的合作中，我就没有为了金钱与他过分商谈。因为有舍才有得，人不能只想自己的所得，也要想别人的所得。这一次，不谈具体的分成比例，本身也是一种舍，我相信“写书哥”能够接收到这个信息。看到对方的诚意，君子也会拿出相应的诚意。

好的合作，始于利益，成于信任，系于人品；不好的合作，始于利益，灭于贪心，毁于猜忌。短期合作看利益，长期合作看人品。

价值法则：如何寻求与“牛人”合作

价值法则：寻求外部合作成立的关键首先是我们能给别人带来什么，

而不是别人能给我们带来什么，尤其是期望合作的对象是“牛人”时。我们要找“牛人”合作，就要站在对方的立场思考问题，一定要让自己在这场合作中对“牛人”产生足够的价值，否则我们很难与之达成合作。

想好沟通预期

讲一个与别人合作的失败案例。我刚从企业辞职时，有个做高端人力资源管理从业者社群的人找到了我。这个人以前在企业中做 HR，做到了高管职位，后来看到自己在职业上没什么发展空间，就转型了，开了几家店，生意做得不温不火的。

这个人挺爱交朋友，有一天他想起当初在 HR 岗位上做到高管后认识了不少 HR 高管朋友，就建了个微信群，美其名曰“社群”。他制定了社群的规则，其中一条规则就是只有规模企业的人力资源总监才能加入。我是在职时无意中加入这个社群的，和群主以及群里的其他人都不熟。

为什么说我与他的合作是失败案例呢？原因有以下 3 个。

1. 没想好预期

他没想好自己想干什么，也没想好希望我干什么，就给我打了电话。当时他每隔一两天就给我打一个电话，在电话里说他们这个领域里的人都是有能量的人，都是高手之类的。我能感受出来，他这个人是比较典型的没事喜欢找人吃个饭、聊个天、谈个心，然后觉得这样就是建立社交关系的那种人。

他最后一次给我打电话时，我已经有些情绪了，我说：“你给我打电话说你的社群很厉害，你到底希望我干什么？你能不能说得具体一点？”

他听完有些蒙了，可能是觉得我这么说有点冒犯到他的意思，他说：“也没什么，就是想让你邀请身边认识的朋友进群。”

他说了这个以后，我更生气了，我心想，就这么件小事，你给我打这么多电话？我想他联系我的根本目的肯定不是这个，只是他自己还没想好，被我不留情面地一问，脱口而出了这句话。我是个非常珍惜自己时间的人，对一切浪费我时间的行为都是零容忍的。

2. 商业模式不明

看到这里，一定会有读者好奇，这人组建的这个社群到底能干什么？他的商业模式是什么？别说读者好奇，我也很好奇。

据他说，这个社群能实现资源互换，能资源共创，能互相帮助。但我问他有什么成功的案例，他说还没有，但只要大家建立起社交关系，总会有的。我问他资源互换和共创的具体内容是什么，能不能描述得更具体一些，他又说不出。

在没有想好商业模式，没有成功案例支撑的情况下拿一个想法去跟别人谈事，这种思路简直是太不成熟了，就是在浪费别人的时间。

他的这个社群后来有什么动作？有没有做成什么事呢？我看到有人在社群中分享自己的课程，但没几个人听；有人用这个社群发自媒体文章，也没几个人看；还有人在社群中做招聘，也没几个人回应。

3. 缺乏商务礼节

这个人在联系我的时候，连基本的商务礼节都不懂。他每次给我打电话都不提前发微信问我是否方便，就直接打过来。有时候我有事没有接，他还会接着再打好几个电话。不知道的还以为这个人有多么急迫的事。

在商业世界中，或许只有上级对下级才有可能有他这样的做法。平级之间，尤其是不熟的人之间，和别人电话沟通前先问对方是否方便接电话不应当是基本礼仪吗？他连这种基本礼仪都不懂，着实让人反感。

好在这个人感受到了我对他的不满，后来也不再给我打电话了。

计算时间成本

很多人在用微信加了别人好友之后，不是直接谈事情，而是一定要“寒暄”，说一阵没意义的客套话，这是微信社交的大忌，尤其是在与时间成本比较高的人沟通时。

平时加我微信的人很多，有寻求商务合作的人，有朋友介绍的人，有慕名而来的想与我交流的人，有“粉丝”，还有各种有着意想不到的诉求的人。

虽然忙，我也会尽可能通过那些加我好友的人。然而有很多人加了我好友之后只发来一句“你好”。遇到这种情况，我通常是不回应的。

在商务沟通中，加了别人微信，只对别人说一句“你好”，是一件非常没礼貌的事。在微信中说“你好”是什么意思？是期望对方回复一句“你好”，然后开启一段聊天。然而在商业世界中，没有任何一个人有义务与陌生人闲聊。

想说什么，就直接说，而且要一开始就表达清楚自己是谁，自己能为对方提供什么价值，在这个基础上，希望对方给自己提供什么价值。而不是一上来就说希望别人为自己做什么，毕竟谁也不欠谁的。

这个法则不仅可以用在微信沟通上，在所有商务沟通中都适用。有无数同城的老板请我喝茶，我一概拒绝；请我吃饭，我一概拒绝；在电话里用 1 分钟都说不清楚要做什么事的，我会找个理由直接挂掉电话。与一个人是否有合作的可能性，从与他的几句对话中就能判断出来，而不需要浪费彼此过多的时间。

曾经有个人加我微信，说自己是某政府部门的工作人员，正在统计“网红”IP 的基本情况，让我提供电话号码、联系地址和所在单位名称等信息。

我一开始怀疑她的身份，很礼貌地回复她：“抱歉，这些信息不方便提供。”

她有些急了，在微信中多次嫌我回复信息太慢，说这件事是真的，让我至少提供其中一种信息。我没理她，后来她又说 ×× 单位要举办一个座谈会，邀请我参加。

我很礼貌地回复她：“抱歉，时间冲突，不方便参加。”

她开始生气了，说：“你这人怎么这样，我还没说具体时间，你就说时间冲突。”

这时候，我已经不怀疑这个人的身份了，而是不喜欢她的说话方式，直接删除了她的微信。

我很奇怪，是什么让她觉得，我需要在微信上及时回复她？是什么让她觉得，她让我做什么，我就要做什么？是什么让她觉得，她可以随意冒犯别人，但不允许别人有一点不遂她的心意？

社交沟通中有个现象，就是时间成本对等的人，才有彼此对话的可能性。

高净值人群的时间成本高，他们也普遍珍惜自己的时间，懂得高效运用时间。一个低时间成本的人去找高时间成本的人，还期望对方一定要回应自己，就好像有人跑到马云办公室门前喊话说：“哎，马云，你出来一下，我想和你唠唠。”

有人加了我微信好友之后，向我问了一大堆问题。我回复慢了或不回复，这人还很不满意。有人在我的社群里对我冷嘲热讽，说我“耍大牌”。仿佛我应该是这个人的私人义工，我应该什么都不做，就等着服侍这个人，对其有求必应。

我在机场候机，或在出租车上的时候，看到有人问我问题，我会尽量回答。可有时候，我会看到类似这样的问题：“我的企业招不到人，请问如何提高招聘满足率？”“我的企业现在人力成本很高，我该如何降低人力成本？”“我不会数据分析，我该如何做好数据分析？”

遇到这类用几句话根本说不清的问题，我会说：“你的问题太宽泛，我很难回答，不过我有专门解决这些问题的书，你可以参考。”

我曾遇到过一个人，听到我这样回应后甩给我一句：“切，不就是为了卖书吗？”

我没有再理会他。其实我很想跟他说，我回复你打字的时间成本太高了，我之所以不回复，一方面是因为我不想再在你身上浪费时间；另一方面是因为，如果一个人朝你吐口水，相信你也不会再朝他吐回去，远离他就好了。

对“职场巨婴”来说，他们更需要“奶妈”这种角色，而且“奶妈”只是用来解决他们的生活问题，供他们随时差遣的，而不是让他们真正受教育，让他们成长的。

如果时间成本不对等，就不要期望得到别人的回应。

提供合作价值

我在写完第 1 本书时，期望能得到某位“牛人”的推荐。于是，我非常真诚地找了这个“牛人”3 次。我一开始以为是这位“牛人”比较忙，没看到我的信息，还找到他的助理帮忙联系，结果这个“牛人”依然没理我。当时我有些生气，现在回想起来，我觉得人家做得没错，是我那时候太年轻了。

我只是向对方表达了我的期望，表达了我期望对方为我做什么，却没有表达清楚我能为对方做什么。合作是相互的，对方的势能远高过我，我如果不能提供足够的合作理由，对方不理我当然很正常。

低势能的人找高势能的人，从时间成本的角度讲，连让对方回应自己都不一定能做到，更不要说一上来就期望对方帮助自己，或者与对方建立合作关系了。

明白了这个道理之后，我再主动找比我势能高的人合作时，都会先说自己能为对方提供什么价值。

例如当我想和一家人力资源软件开发公司合作时，我会先告诉对方我可以帮助其推广软件；当我想和一家咨询公司合作时，我会先告诉对方我可以为其带来咨询业务；当我想和一家传统线下课机构合作时，我会先告诉对方我可以为其带来线上的流量。

我们自认为自己的影响力有多大不管用，自认为自己能给对方带来的价值有多大也不管用，只有当对方认可我们的影响力和价值对其有足够大的价值时，我们与对方的合作关系才能建立。

兼容法则：如何被更多人喜欢

兼容法则：要被更多人认可、接纳或喜欢，我们先要学会兼容别人。兼容性决定了市场空间，我们能兼容的用户范围越大，能覆盖的市场空间就越大。兼容性决定了职场发展，我们能兼容的工作种类越多，能获得的升职空间就越大。兼容性决定了人际沟通，我们能兼容的思想文化越多，能建立的社交关系越广。

为别人保留犯错权利

我在刚开始做咨询项目，和企业老板交谈时，我如果发现了企业的潜在问题，会毫无保留地告知企业老板，有理有据地说明正确的做法。然而在这样做了几次后，我发现多数企业老板不听我的，还是在按原来的做法做，直到问题爆发才想起我的建议。

管理咨询很像看病问诊，后来我在见老板时，常讲扁鹊三兄弟的故事。名医扁鹊有两个哥哥，扁鹊说自己的大哥医术最好，二哥稍差，自己是最差的。但别人不解，认为扁鹊谦虚。如果大哥、二哥的医术都比他好，为什么没有他那么有名气呢？

扁鹊说，因为大哥在病人的病情发作前就发现了病情，帮病人除根治病，病人们不觉得自己有病，不认可他；二哥在病人的病刚发作，病症不明显时做到药到病除，病人们以为他只能治小病；而自己是在病人病情严重，心急如焚时治病，所以闻名天下。

讲完这个故事，大家应该很清楚我的潜在意思了：“不要以为我说的这些不重要，潜在问题虽然没发生，但必须调整，不然会出问题。”结果有用吗？根本没用，多数企业老板依然不听我的，一定要等到问题爆发才知道调整。

我有个坏习惯，喜欢把杯子随手放在桌子的边缘，杯子很容易在不经意间被碰掉。在我这个习惯没有造成任何损失时，我老婆就跟我说过多次，我都没在意过。在一次因为这个习惯打碎了一个老婆买的高价玻璃杯时，我才意识到这个习惯必须要改。

后来我反思，发现这也许就是人在成长过程中该有的经历，有些领悟，只有亲身犯过错后才能体会。这就是为什么有人苦口婆心地教育孩子，孩子却不听话；有人语重心长地教导下属，下属却不接受；有人掏心掏肺地劝诫朋友，朋友却不在意。

我有个姑姑是一家上市公司的高管，她曾经在很多人生问题上给过我意见。在另一个平行宇宙中，如果我一直听她的话，我的人生经历中的很多错误都能避免。我也许会走与现在截然不同的一条路，且发展应该也不会太差，然而相应的，我也不会成为今天的我。

如果问我今天后悔曾经犯过那些错误吗？我会说不后悔。

我相信曾经的那些困难、艰辛或失败，短期看会带来痛苦，但长远看，它们一定会成为我们一生中宝贵的财富。

安逸和平静可能不会给我营养，不会给我带来快乐。我只有在苦过之后，才知道什么是甜；难过之后，才知道什么是易；痛过之后，才知道什么是幸福。

没有痛苦，我就没有改变的动力。我们在给别人提建议与对待别人的建议方面，要懂得兼容对方的感受。这通常有以下 3 种做法。

1. 站在对方的立场体会建议

明白了这个道理，当别人给自己提建议时，要学会站在对方的立场体会这个建议。要重视专业人士的建议，因为我们当前的状况对方很可能经历过。对于值得信赖的过来人，直接听取其建议胜过自己摸着石头过河。

2. 为别人保留犯错的权利

如果犯错成本不是高到不可接受，可以为别人保留犯错的权利。毕竟别人没有经历过这类痛苦，在认知上无法与我们同频。在有些情况下，我们甚至可以主动为别人创造犯错的机会，让其在错误中感受痛苦，让其自发主动地寻求改变。当然，这里的前提一定是犯错成本在可接受范围内。

3. 给自己留下犯错的权利

当没有人给出建议时，我们可以勇于尝试，不要害怕犯错，不必对自己要求过高，没必要为曾经的错误感到过分懊悔。没有人能全知全能，没有人是完美的，犯错本来就是我们成长之路上不可避免的经历。

兼容对方，反而更容易让对方听得进自己提的建议。如果只是在自己的认知基础上自说自话，更容易与对方形成对立关系。

改变执念，提高兼容性

与“写书哥”开启图书出版之外的合作后，他曾多次建议我详细讲讲自己的成长故事。一来可以让他的“粉丝”更好地认识我，二来可以为更多年轻人的成长提供参照。一开始，我对这件事是十分抵触的。

为什么？因为我是严重的实用主义者，过于关注做的事有没有用。我有个执念：别人根本不关心我是谁，只关心我能带来什么。这个执念为我带来的好处是，我提供的内容和产品往往比较实用，聚焦于解决实际问题，坏处是，合作少了些人情味儿。

我一直觉得，精力应该用在为用户提供有用的东西上，我又不是什么“大咖”，没人会在乎我的成长故事。这也是我作为用户学习别人时的心态，我不管表达者是谁，只关心他讲的内容对我有没有用。有用，3 岁小孩的话我也听；没有用，再大的“咖”我也会忽略。

后来有一次我和“写书哥”聊起这个问题，他说：“得先让别人认识你，别人才愿意听你说。”我忽然意识到，我的想法也许没有错，但“写书哥”的这个思路也是对的。因为用户有很多种：有的用户和我一样，更关注事，只想听对自己有用的；有的用户则相反，更关注人，只有当了解了这个人的情况，才听得进去这个人说的话。

对很多用户来说，有用的道理人人都可以讲，但为什么要听张三讲，而不是听李四讲？仅仅是因为张三做得更好吗？这只是原因之一，更重要的，是用户对张三有更深刻的认知。对一个人的认知越深，我们与他的距离就越近。

个人 IP 是人格化的存在，是有血有肉的人，不是冰冷的机器。兼容用户的需求，让大家知道自己的过往经历、更好地认识自己，才会有更多的人记住自己。

怎样让别人对自己有认知呢？最有效的方法是总结自己的关键事件。我们为何能熟知孙悟空？是因为他从石头里蹦出来之后有拜师学艺、龙宫寻宝、大闹天宫等关键事件。每个人都有属于自己的独一无二的关键事件，把这些关键事件总结出来，能让别人更好地认知自己。

所以我抛开内心的不情愿，马上开始着手总结自己成长过程中的关键事件和感触。其实这件事我早就该做了，而我之前一直没做，真是不应该。于我而言，改变执念的过程既是提高自己的兼容性的过程，也是成长的过程。

成长，有量变和质变之分。量变，是小成长，是发现自己学到了；质变，是大成长，是发现自己过去很傻。

每过一两年，我就会发现过去的自己很傻，我对此很开心。如果有一天，我发现好多年过去了，我还一直觉得自己挺好的，说明我的成长停滞了，那我才是真的傻。

扩大兼容意味着蝶变

我时常反思自己，发现自己有时候很自大，认为自己格局大，觉得新手问的问题太单纯；我一直在大企业工作，就觉得小企业的做法太单纯；我之前一直做甲方的高管，就觉得乙方的认知和方法太单纯。

这些其实都代表我的兼容性有问题。如果我无法兼容，就注定了我与不同维度的人没有共同语言，也决定了某些市场我无法触及。用户的需求不会随我的意志而改变，要改变的是我，而不是用户。如果不改变，我的市场空间会越来越小。

我最早在互联网上输出人力资源管理类知识内容的时候，只写自己想写的。别人能不能看得懂，就看他有没有和我相同的认知、格局和视野了。那时我就发现自己曲高和寡，可我在那时候的想法是没关系，觉得高手没必要让所有人都懂自己。我那时天真地以为，懂的人自然懂，不懂的人说明他们不是我的用户。

然而直到我的第 3 本书上市且有较高的销量之后，我才真正体会到自己的愚昧。新手是学习需求最大的群体，要做知识服务，针对新手做图书和线上课是正确的选择。我的图书和线上课之所以受欢迎，正是因为我后来打造的内容主要针对新手。

我在针对新手做了一系列图书和线上课之后，曾经听朋友转述了一个同行专家对我的评价，大致意思是看我只能围绕新手做知识服务，可见我的水平不高。

如果搁以前，我听到这样的评价一定会很生气，然后想办法证明自己其实掌握了一整套完善的方法论。然而那时我已经明白兼容性的道理，所以只是微微一笑，随别人说去吧。

在知识服务领域，通过作品来证明自己比别人高明，是最不成熟的做法。以前讲线下课，我最喜欢听到的评价是“任老师，您真厉害！”如今讲线下课，我最喜欢听到的评价是“任老师，您讲得真透彻！”我做知识服务的最终目的，是让别人学到知识，是成就别人，而不是让别人觉得我有多厉害。

人一定要懂兼容，不懂兼容，只能孤芳自赏。向下兼容需要格局，平行兼容需要视野，向上兼容需要智慧。只要我们愿意，眼界、维度、用户等一切内容都可以兼容。兼容性越大，人的可能性就越大。

结　语

没有行动就没有成长

很多人说：我之所以不去做，是因为不会做；如果知道了怎么做，我当然会去做。这个道理没错，可不会做是谁的问题？是父母的问题？社会的问题？国家的问题？还是自己的问题呢？

要解决不会做的问题，可以拜师、可以用互联网、可以买书……方法如此之多。我们又不笨，只要肯学，解决这个问题能有多难？之所以不会做，其实更多时候，是因为自己只是想想而已，从来没有落实到行动上。

小明原本不会游泳，也完全不想学游泳。这时候有人对小明说，只要你在 10 天之内学会游泳，我就给你 1000 万元的奖金。这时候，小明是不是大概率能学会游泳呢？

很多人不行动，除了因为懒，还因为他们看不到行动之后的价值，不明白成长给自己带来的巨大价值是能够变现的。这种变现不是别人给自己的，是自己给自己的。

我听过不止一个大学毕业不久的朋友说进入社会后不适应，更喜欢学校的生活。相信那些学习好、学历高，进入社会后有较大反差的朋友会有这样的感受。

学校的规则很明确，人与人之间的关系比较单纯，想在学校里取得成就可遵循简单的“只要……就……”原则。一个学生，基本上只要学习好，其他方面也不太差，就能取得比较大的成就。

然而在社会上不是这样的，社会上人与人之间的关系更复杂，规则相对不明确。在很多情况下，并不是付出行动就能有收获。然而这就是不行动的理由吗？实际上，如果你运用了本书介绍的这些法则，你就可以让自己在某个领域内遵循“只要……就……”的原则。

行动了，不一定有收获；不行动，一定没有收获。

常有人说，只要我稍微用功的话，我也能成功。是的，成功者和普通人一样，他们没什么特异功能，很多成功者也不是什么天才。

成功者和普通人的唯一区别是，对很多事情，成功者真的坚持去行动了，而普通人没有。开始的时候，成功者走在前面，普通人还能望其项背，久而久之，普通人就望尘莫及了。

在生活中，我们在很多时候都不得不面对自己的缺陷和弱点。现实会一次又一次地提醒我们，我们不是完美的人，我们需要改变。可人又容易懒惰，一些人选择麻痹自己，转向追求短期的即时满足；而另一些人选择改变自己，虽然会有痛苦、有反复、有放弃，却能获得成功。

行动是 1，知识是 1 后面的 0。没有行动，只有知识，结果只会是 0。有了行动，知识越多，价值才会越高。

没有行动就没有成长，即使我们懂得很多，也一定要有行动才行。